# 地理信息服务建模理论与方法

靖常峰　杜明义　著

科 学 出 版 社

北 京

# 内 容 简 介

在智慧城市、地理国情普查、物联网等地理信息技术相关应用领域和技术水平快速发展的时代背景下，地理信息学科发展和应用深化对地理信息服务相关理论研究和技术研发提出了新的需求。基于国际开放地理信息联盟（OGC）标准规范实现 GIS 服务的建模和互操作，是本学科主要的研究方向之一，也是为各行业提供智能服务的重要技术基础。本书借鉴国际组织的标准和规范提出地理信息服务的链式建模模型，在基本术语定义、应用模式研究等理论研究的基础上，介绍基于工作流技术的地理信息服务建模可视化技术和流程管控技术。

本书适合作为地理信息科学专业或相关专业本科生、研究生教材，也可供从事 GIS 数据获取分发服务的 GIS 企业、GIS 技术研发与集成应用的相关人员阅读参考。

**图书在版编目（CIP）数据**

地理信息服务建模理论与方法 / 靖常峰，杜明义著. —北京：科学出版社，2018.5
ISBN 978-7-03-055943-2

Ⅰ.①地… Ⅱ.①靖… ②杜… Ⅲ.①地理信息系统—信息服务—系统建模—研究 Ⅳ.①P208.2-39

中国版本图书馆 CIP 数据核字（2017）第 309430 号

责任编辑：杨 红 程雷星 / 责任校对：孙婷婷
责任印制：赵 博 / 封面设计：迷底书装

**科 学 出 版 社** 出版

北京东黄城根北街 16 号
邮政编码：100717
http://www.sciencep.com

天津市新科印刷有限公司印刷
科学出版社发行 各地新华书店经销

＊

2018 年 5 月第 一 版 开本：720×1000 1/16
2024 年 8 月第四次印刷 印张：8 3/4
字数：180 000

**定价：59.00 元**
（如有印装质量问题，我社负责调换）

# 前　言

GIS 服务理论与应用研究是当前地理信息技术的研究热点，国际开放地理信息联盟（OGC）制定了一系列标准规范实现 GIS 服务的共享和互操作。伴随 GIS 服务应用从单个服务的简单调用转向多个服务的组合调用，GIS 服务建模理论与方法研究日益成为研究热点。作者在本科生及研究生教学中深切感受到学生对 GIS 服务建模学习的迫切需求，因此，编写并出版 GIS 服务建模理论和方法相关书籍十分必要。

本书借鉴国际组织的标准和规范提出地理信息服务的链式建模模型，在基本术语定义、应用模式研究等理论研究的基础上，介绍基于工作流技术的地理信息服务建模可视化技术和流程管控技术。第 1 章介绍了地理信息服务的概念、链式建模及工作流技术研究现状；第 2 章介绍了 GIS 服务链的术语、参考模型等理论基础；第 3 章讲述了 GIS 服务链建模的相关技术和实现模型；第 4～5 章论述了 GIS 服务链建模的技术方法；第 6 章浅析了 GIS 服务链建模的评价方法和模型；第 7 章依据工程项目讲述了 GIS 服务链建模的设计与实现。

本书的出版获得了国家自然科学基金（1771412）、北京未来城市设计高精尖创新中心科技计划（UDC2016050100）、北京建筑大学学术著作出版基金（CB2017005）和北京市自然科学基金（8182015）的资助。作者对以上项目课题的支持表示诚挚的感谢！

在此特别感谢浙江大学刘仁义教授、刘南教授，正是导师长期以来对学生的培养和关怀，促成了本书的完成。本书涉及的一些研究工作得到了浙江省 GIS 实验室、北京建筑大学测绘学院许多领导、老师、同门的热心支持，在此表示衷心感谢！还要感谢科学出版社对本书出版的大力支持，以及本书所有被引用文献的作者。

由于作者水平有限，书中难免存在不足和疏漏之处，敬请读者批评指正。

作　者

2017 年 11 月于北京

# 目　　录

# 第1章 地理信息服务建模概述

地理信息系统( geographic information system , GIS )技术已进入 GIS 服务( GIS services ) 时代。20 世纪末始，开放地理空间信息联盟（Open GIS Consortium，OGC）、国际标准化组织地理信息技术委员会（ISO/TC211）等研究结构和国内外学者对 GIS 服务进行了广泛的研究，GIS 服务在理论和技术上逐渐成熟。随着近年来 GIS 服务的广泛应用，GIS 服务应用方式从独立服务的简单调用，向多个服务组合完成复杂任务转变，GIS 服务建模理论与技术研究被提上了日程，成为新的研究热点。

## 1.1 GIS 服务

### 1.1.1 GIS 服务概念

20 世纪末以来，GIS 技术从 GIS 系统逐步转入 GIS 服务的阶段，这已经成为 GIS 领域很多学者的共识（贾文珏，2005；邬群勇，2006；Castronova et al., 2013；Gong et al., 2015）。关于 GIS 服务的定义，目前并没有达成一致。OGC 的规范中定义 GIS 服务为：GIS 服务是用于解决不同函数级别的应用系统访问和使用地理信息的解决方法。在不改变原有系统中函数、功能的基础上，GIS 服务提供一系列通用标准接口实现系统间数据和功能的互操作。GIS 软件系统和开发者能够使用这些标准接口提供用于 GIS 行业的通用或专用服务，同时能够实现与其他 IT 相关行业应用系统的集成（ISO19119 and OGC，2002）。贾文珏（2006）认为，GIS 服务可以定义为：网络环境下的一组与地理信息相关的软件功能实体，通过接口暴露可供用户使用的功能和数据。GIS 服务包括 GIS 数据服务和 GIS 功能服务，GIS 数据服务通过接口向外提供空间数据，GIS 功能服务通过接口向外提供空间数据处理功能。

作者认为 GIS 服务是具有以下功能的 Web 服务：①能够操作或访问地球表面及地下相关 GIS 数据；②具有基于网络的互操作能力，能够实现多种 GIS 数据和多个 GIS 平台的通信和操作。

GIS 服务的出现为 GIS 注入了新的活力，改变了 GIS 应用模式。GIS 用户可以不必购买数据库和整套的 GIS 软硬件，只需在网络上缴纳所租用的空间数据和地学处理功能模块的使用费即可,直接的效果就是 GIS 应用走向地学信息服务(李德仁,2003)。

GIS 服务是 GIS 和 Web 服务的结合,具有良好的互操作性、松散耦合性,以及高度的可集成能力等特征,实现了分布式环境下异构系统异质数据的操作并能提供服务,为不同的分布式应用之间的按需动态结合开辟了一种新的、充满希望的途径,为 GIS 行业带来了技术和应用的创新性发展。

## 1.1.2 GIS 服务发展

GIS 应用的深入发展使 GIS 服务需求越来越迫切。20 世纪 60 年代始,GIS 经过 40 多年的发展,在行业内或者组织内的应用相对成熟,已经建立了较好的数据体系和应用系统,但在跨行业、跨组织的应用方面发展比较滞后,主要表现在异质数据集成和异构系统互操作等方面。例如,伴随 Internet 的普及应用,人们在使用多个站点的数据或者多个不同 GIS 平台的数据时出现了数据模型等引起的异构异质问题,而且问题暴露得越来越明显。GIS 服务即在此背景下产生。

GIS 服务使得 GIS 由传统的数据紧耦合、集中、封闭系统向松耦合、分布式、开放系统的方向发展;从面向数据应用到面向服务应用;从面向数据重用到面向功能重用,GIS 逐渐发展为开放网络环境下的易于集成的地理信息服务(Gunther and Muller,1999;Schade et al.,2004;Yue et al.,2009)。

GIS 服务技术是在组件技术基础上,融合通用协议和标准发展而来的。传统(现有)的 GIS 软件大多采用组件技术构建,将 GIS 的各大功能分解为若干组件或控件,用户可以根据现实需要,组合不同的组件或者构件,在通用的开发环境中进行二次开发,并可以与其他功能组件集成,具有高效性和灵活性(龚健雅等,2004a)。但是各种分布式组件技术采用的组件模型和传输协议不同,使得不同类型组件之间很难集成,难以满足分布式、异构、网络环境下集成应用需求。因此,分布式 GIS 集成需要网络环境下的新的集成和互操作技术平台。GIS 服务正是这样的一种技术方法。

OGC 与 ISO/TC211 等国际研究组织开展了 GIS 服务的规范研究,提出了 Web 地图服务(Web mapping service,WMS)、Web 要素服务(Web feature service,WFS)、Web 覆盖服务(Web coverage service,WCS)、Web 处理服务(Web processing service,WPS)等 Web 服务的接口规范,点燃了 GIS 服务研究的星星之火。当前 GIS 服务的研究主要集中在:空间信息服务的框架与关键技术(卢亚辉和杨崇俊,2003;江泳和方裕,2004;李建任等,2004;郑春梅,2014);面向服务的空间数据共享与互操作（蔡晓兵，2003；龚健雅等，2004b；江泳和方裕，2004）；空间 Web 服务链接模式（Alameh，2002；Aditya and Lemmens，2003；Alameh，2003；游兰，2015）；空间元数据服务技术（王浒等，2004）；基于 GML、SVG 的空间信息表达与可视化（王兴玲，2002；周文生，2003）；GIS 服务语义描述（Lemmens et al.，2006）；基于本体的 GIS 服务语义地理匹配（Lemmens and Arenas，2004）。

　　IT 和 GIS 行业均展开了 GIS 服务（空间服务）的开发研究。微软基于.NET 开发了 MapPoint3.0 提供一系列 LBS 服务，还开发了 TerraService 地图服务器和卫星影像数据仓库（Microsoft Mappoint，Microsoft TerraService）。ESRI 公司在 2002 年提出了 g.net 的概念。g.net 的终极目标是逐步建立起一个覆盖全球的、可以充分共享和交互的 GIS 虚拟世界，使得不同的用户均可以共享与使用相应的空间数据进行分析与处理。ESRI 自 2004 年推出 ArcGIS 9.0 版系列平台后逐步在产品中增强对 Web 服务框架的支持，并开发了 Web 服务原型应用 ArcGIS Online（http://www.arcgis.com/features/index.html）。

　　在网络技术和现实应用需求的双重推动下，GIS 服务不断发展和成熟，出现了越来越多的 GIS 服务。这些服务有的位于网络，有的是位于单位或组织内部，如天地图（http://www.tianditu.com）、搜狗地图（http://map.sogou.com）、中国都市通（http://www.chinaquest.com）、加拿大地理空间数据基础设施 Web 服务原型（http://cgdi-dev.geoconnections.org/prototypes/owsview/index.html）等。

　　面对充斥在网络上如此众多可用的 GIS 服务，如何有效组合这些分布的 GIS 服务实现更多复杂任务的处理，成为一个新的研究热点。近年来，OGC 和 ISO/TC211 联合推出了 ISO19119 规范，提出了 GIS 服务链的概念。从此，GIS 服务链的研究逐步开展起来。

## 1.1.3　相关国际研究组织

　　GIS 服务的快速发展，一方面归功于越来越成熟的 IT 技术——Web Service；另一方面是一些研究组织和协会的充分研究工作，如开放地理空间信息联盟（OGC）、ISO/TC211 等研究组织。

### 1. 开放地理空间信息联盟

　　开放地理空间信息联盟（OGC）是一个公益的行业协会，成立于 1994 年，总部位于美国马萨诸塞州。截至 2008 年，OGC 已经是拥有来自公司、政府机构、高校、研究组织等 358 个成员的国际性工业协会。OGC 与其他研究组织，特别是 ISO/TC211 和 ISO/TC204（智能交通系统）建立了牢固的合作联系；与主要的商业标准化集团，如 IETF（Internet）、LIF（移动通信）和 W3C（World Wide Web Consortium，网络）建立了协同关系。OGC 为产生供开放界面和协议用的首部一致认可的开放式 GIS 技术规范经历了若干年的艰苦工作，做出了杰出贡献。在 1996 年和 1997 年的适当增补后，该技术规范的颁布和供应商的采用率迅速加快了。OGC 网站列出了已经实现 OGC 规范的 GIS 产品列表，为 GIS 软件开发者和用户提供了一个查找所需"即插即用"产品的地方。

OGC 的目标是在全世界各种不同的地学处理系统中创造跨技术平台、应用领域和产品类别的相互可操作性。OGC 在开放式 GIS 指南中把相互可操作性定义为在多个系统之间的信息共享、相互可利用与协作过程控制的能力。相互可操作性要求各软件公司的地学处理系统能够通过网络直接进行信息交流，并能让用户方便地在不同类型地学处理系统内操作，如 GIS、遥感图像处理、设施管理/自动制图（FM/AM）、基于位置的服务系统（location based service，LBS）、各种数据库管理系统（database management system，DBMS）、计算机辅助设计（computer aided design，CAD）等其他软件系统。

为了实现互操作，OGC 制定了开放 GIS 规范，即通常所说的 OGC 规范，它是一个通用的分布式访问地理数据和地理处理数据源的软件结构规范。开放 GIS 规范为全世界的软件开发者提供了一个详细的通用的界面模板，这个模板可以与由其他软件开发者开发的开放 GIS 软件进行交互操作。

## 2. ISO/TC211

国际标准化组织地理信息技术委员会（ISO/TC211）是 1994 年成立的"地理信息/地球信息"（Geographic Information/Geomatics）标准化技术委员会。该委员会是从事地理信息标准化研究、国际标准制定工作的国际性组织，其宗旨是：适应国际地理信息产业的迅猛发展，促使全球地理信息资源的开发、利用和共享。截至 2017 年，该委员会已有积极成员（P 成员）39 个，观察员（O 成员）29 个；我国于 1994 年正式加入该组织并经努力工作由 O 成员升格为 P 成员，且国家技术质量监督局（现国家质量监督检验检疫总局）已于 1995 年 7 月，批准所属国家测绘局的国家基础地理信息中心承担 TC211 的国内技术归口工作（图 1-1）。

ISO/TC211 成立了 10 个专家工作组（WG1～WG10），明确了先行研究的 20 个地理信息标准化项目。

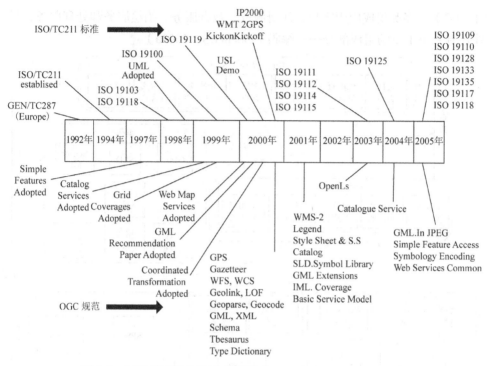

图 1-1 OGC 和 ISO/TC211 的发展（Atkinson and Berre，2002）

## 1.1.4 相关协议和规范

国际标准化组织地理信息技术委员会（ISO/TC211）、开放地理空间信息联盟（OGC）、万维网联盟（W3C）和 Web 服务互操作组织（Web Services Interoperability Organization，WS-I）等正在研究与制定空间与地理相关系列化基础标准和应用标准、规范，特别是 OGC 在开放地理数据互操作规范（open geodata interoperability specification）方面取得了重要成果。

OGC 为地理数据和地理操作的交互性和开放性提出了一套规范，包括抽象规范与实现规范两类。

OGC 的抽象规范被分为 18 个不同的主题（OpenGIS，2005），包括：要素几何体、空间参考系统、定位几何体结构、存储函数与插补、要素、时空数据类型、地球影像、要素之间的关系、精度、要素集合、元数据、OpenGIS 服务体系结构、目录服务、语义和信息团体、图像探索服务、图像坐标转换服务、移动定位服务、地理空间资源数字证书管理参考模型，为不同 GIS 系统软件、不同的分布式处理平台及不同领域的信息团体之间实现开放的信息交流提供了"基本模型"。

OGC 提出的 18 个不同主题抽象规范，将空间信息 Web 服务划分为五大类

（图 1-2）：多源集成应用客户、注册服务、数据服务、描绘服务和处理服务，另外还有一个重要的组成部分——编码（OpenGIS，2003a）。

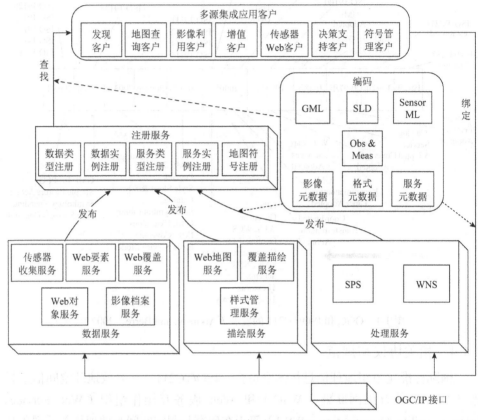

图 1-2　OGC Web 服务框架（OpenGIS，2003a）

（1）多源集成应用客户（multi-source integration application client）。多源集成应用客户是实现人机交互、应用服务与数据服务交互的客户端构件，通过搜索和发现机制查找、访问、使用注册的服务和数据，包括发现客户、地图查看器、增值客户、影像利用客户、传感器 Web 客户、决策支持客户和符号管理客户等组件。

（2）注册服务（Web registry service，WRS）。注册服务提供了一种 Web 资源信息（数据和服务）的分类、注册、描述、搜索、维护和访问的通用机制，主要包括数据类型、数据实例、服务类型、服务实例、地图符号的注册服务。注册服务提供了各个注册项的登记、更新与查找服务。注册服务允许资源提供者发布和请求者发现资源的类型等信息，以及请求者访问（绑定）提供者（邬群勇，2006；施荣荣和常庆龙，2015）。

（3）描绘服务（portrayal service）。描绘服务提供支持空间信息可视化的专业功能。描绘服务包括 Web 地图服务（WMS）、覆盖描绘服务（coverage portrayal service，CPS）和样式管理服务（style management service，SMS）。描绘服务通过给定的输入生成可视化地图。可视化地图包括按制图规范描绘的地图、地形透视图、有注记的影像、随时空动态变化的特征视图等。

（4）数据服务（data service）。数据服务是提供数据，特别是地理空间数据的基本服务。数据服务可访问的资源通常可以按照名称（标识符、地址等）引用。数据服务包括 Web 要素服务（WFS）、Web 覆盖服务（WCS）、传感器收集服务（sensor collection service，SCS）、Web 对象服务（Web object service，WOS）和影像档案服务（image archive service，IAS）等。

（5）处理服务（processing-workflow service）。处理服务提供操作地理空间数据和元数据的基本应用服务和增值服务。处理服务包括坐标转换服务、地名服务、地理分析服务、传感器规划服务和网络通告服务等。

（6）编码。在 OpenGIS 服务框架中，所有编码都是基于扩展标记语言（extended markup language，XML）的，主要的编码包括：地理标记语言（geography markup language，GML）、地图图像标注 XML（XML for image and map annotations，XIMA）、图层样式描述符（style layer description，SLD）、位置组织者文件夹（location organizer folder，LOF）、服务元数据、影像元数据、传感器标记语言（Sensor ML）和观测与度量（observations and measurements，Obs&Meas）等（邬群勇，2006）。

OGC 的主题定义了不同层次上对地理信息表示、发现、访问与处理的一致性理解，是 OpenGIS 规范的基础。OpenGIS 模型由三部分组成（图 1-3）：开放地理数据模型（open geodata model，OGM）、地理服务模型（open services model，OSM）及实现团体间的地理数据和处理资源共享的语义与信息团体模型（information communities model，ICM），这些模型与主题具有相互依赖性。

OGM 是以地理要素（feature）为核心，以数学和概念化方法来表示地球及地球现象的通用数字化方法。它定义了一系列通用的基本地理空间信息类型，基于这些基本空间信息类型，可以使用基于对象的程序设计方法或常用的程序设计方法，为不同应用领域的地理空间数据建模。OSM 由一组可互操作的软件构件集组成，提供要素访问对象的管理、获取、操作和交换等服务设施。它是一个在不同的信息团体之间实现地理空间数据获取、管理、操纵、表达及共享服务的通用规范模型。ICM 的目的是使用语义转换机制，使具有不同特征类定义及语义模式的信息用户群之间实现语义的互操作性（李新通和何建邦，2003）。

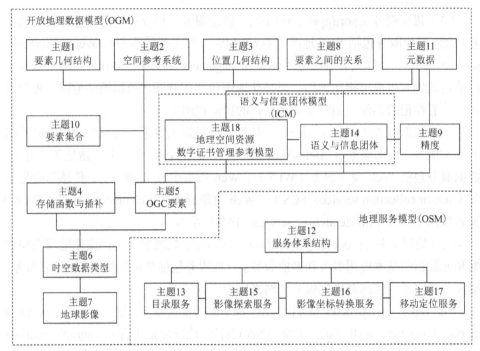

图 1-3　Open GIS 抽象规范的主题及其相互关系

OGC 实现规范是基于抽象规范或抽象规范在具体应用领域的扩展，提出的应用程序接口的软件规范（OpenGIS），如在 OLE/COM、CORBA、SQL 等计算平台上实现的简单要素服务、坐标转换服务、地理位置标记语言等，作为 OGC 的技术开发程序与在具体分布式处理平台上 OGC 抽象规范的部分实现。

OGC 定义的服务实现规范从概念层、技术层和系统层提出逐步实现空间信息的 Web 服务。OGC 制定的一系列地理信息服务相关规范主要有：矢量数据服务（Web feature service，WFS）、栅格数据服务（Web coverage service，WCS）、地图服务（Web map service，WMS）、发布注册服务（Web register service）、Web 处理服务（Web processing service，WPS）等。以上这些规范既可以作为 Web 服务的空间数据服务规范，又可以作为空间数据的互操作实现规范。只要某一个 GIS 软件支持这个接口，部署在本地服务器上，其他 GIS 软件就可以通过这个接口得到所需要的数据。据统计，目前已注册 416 个实现了 OGC 规范的组件产品。

GIS 服务和服务链的技术基础是 Web 服务，而 Web 服务是在现有的 Web 技术和设施之上，通过制定新的协议和标准，提出的新技术实现（孙健和张鹏，2004），因此 Web 服务中相关技术和协议在 GIS 服务中同样适用。与 Web 服务相关的主要协议和技术包括简单对象访问协议（simple object access protocol，SOAP），Web 服务描述语言（Web services description language，WSDL），统一描述、发现和集成（universal description，discovery and integration，UDDI），Web 服务流语言（Web services flow language，WSFL）。SOAP 用来定义数据描述和远程访问的标准；WSDL 是 Web 服务信息的描述语言；UDDI 则把 Web 服务与用户联系起来，起中介作用，是 Web 服务发布和查找的场所；WSFL 是商业流程模型的描述、定义语言。

　　Web 服务之所以具有革命性的力量，主要在于通过以上的标准协议和通用技术成为跨越各种平台边界的桥梁。Web 服务相关协议和技术构成 Web 服务叠层协议栈，如图 1-4 所示。

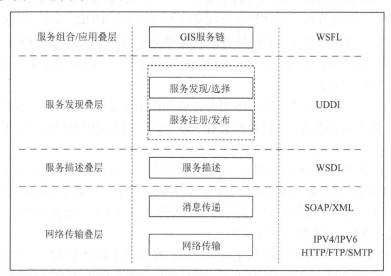

图 1-4　Web 服务叠层协议栈

## 1.1.5　GIS 服务注册中心

　　伴随 Web 服务技术的发展及 GIS 与 Web 服务的结合，越来越多的 GIS 服务出现在网络上，为了统一管理和使用这些服务，需要一种管理机制帮助用户在众多服务中高效发现并选择所需服务，同时能够实现服务的组织管理。由此诞生了 GIS 服务注册中心。

　　GIS 服务注册中心是 GIS 服务链应用的核心部分，与服务提供者、服务使用者紧密相连。服务注册中心是 GIS 服务注册、查找发现、选择的数据库中心。目前常用的 GIS 服务注册中心有 UDDI、WRS、WCS、基于数据交换中心（Clearinghouse）的元数据目录等。

　　基于数据交换中心的空间数据的元数据目录提供了一个虚拟信息空间，存储大量元数据，实现空间数据的获取和发布，但是这种模式只考虑了空间数据，没有考虑 GIS 服务的特点（黄裕霞，2003）。OGC 提出了目录分类服务（OpenGIS catalogue services for Web，CSW）、目录注册服务（Web registration service，WRS）和服务组织目录（service organizer folders，SOFs），用于 GIS 服务管理，其中，SOFs 是存放 GIS 服务引用的数据结构，为用户的特定应用提供服务检索支持。

统一描述、发现和集成（UDDI）起源于电子商务，提供了一套标准方法注册和查询服务，使用户可以共享分布式服务信息。应用中，用户根据需要可以建立不同规模的 UDDI 中心，既可以使用全球 UDDI 中心，也可以建立小范围应用的私用 UDDI 中心。

OGC 提出的 CSW、WRS 等目录服务，是一种面向 GIS 服务的数据结构，推出时间较迟，因此在服务的注册和查找发现方面远没有 UDDI 成熟。UDDI 源自电子商务，不能很好地支持 GIS 服务的注册和发现，影响了其应用。OGC 目前也正在进行 UDDI 的扩展研究，结合 OGC 的目录服务与 UDDI 的注册发现技术，实现两者之间的集成。

虽然 UDDI 不能完美解决 GIS 服务注册和查找发现的问题，但因为其发展历史悠久、技术相对成熟，所以在基于 GIS 服务的应用系统中也得到了应用。下文将重点介绍 UDDI 服务注册中心。

UDDI 在逻辑上分为两部分：商业注册和技术发现。前者是用来描述企业及其提供的 Web 服务的一份 XML 文档；后者则定义了一套基于 SOAP 的注册和发现 Web Service 的编程接口。这两部分的框架全由 XML Schema 定义。其中，UDDI 商业注册是 UDDI 的核心组件。

UDDI 商业注册中心在逻辑上是集中的，在物理上是分布式的，由多个根节点组成，节点之间通过复制（replicate）机制保持彼此间的内容同步。因此，这些节点在逻辑上被看做为一个整体。当在 UDDI 商业注册中心的一个节点中注册服务后，其注册信息会被自动复制到其他 UDDI 根节点，使得服务使用者能在任何节点查找所需服务。

从概念上来说，UDDI 商业注册所提供的信息包含白页、黄页和绿页三个部分。Web 服务注册信息就是通过以上三种信息注册发布，提供用户使用的。"白页"介绍服务提供者的名称、地址、联系方式等；"黄页"包括基于标准分类法的行业类别；"绿页"详细介绍了访问服务的接口等技术信息，以便用户能够编写应用程序使用 Web 服务。这三类信息通过 UDDI 定义的四种数据结构类型定义。

（1）商业实体（business entity）结构：它处于所有结构的顶层，用于表达商业机构专属信息集。它用 Identifier Bag 和 Category Bag 元素，提供企业标识分类与行业分类信息，并用 contacts 和 discoveryURLs 元素提供地址、联系方式等信息，以快速准确地了解商业实体。

（2）商业服务（business service）结构：它将一系列有关商业流程或分类目录

的 Web service 的描述组合到一起。它用 name、Category-Bag 元素提供所涉及的各个 Web service 的名称、服务分类信息。

（3）绑定模板（binding template）结构：用于 Web service 的技术描述。它使用 accessPoint 元素提供 Web service 的入口地址信息，或用 hostingRedirector 元素支持对入口地址的重定向，并包含指向 tModel InstanceInfo 结构集的容器。这些 tModel InstanceInfo 结构都以 tModel 的实例形式出现，进一步提供了各服务所遵循技术规范等细节信息。

（4）tModel 结构：它是 UDDI 中为提供一个基于抽象的引用系统，其中所含内容记录了由键标识的元数据。在 UDDI 中，tModel 主要有以下两种用途：描述 Web 服务技术规范和定义抽象的命名空间引用。

UDDI 注册服务中心中服务的发现即基于 UDDI 分类法。分类法作为一种非常重要的 tModel，其作用就是为 UDDI 注册中心提供对数据自动分类的能力，使其能快速准确地定位用户所需要的数据（詹应乐等，2005）。UDDI 规范 1.0 内置了三个分类法：NAICS 工业分类法、UN/SPSC 产品分类法和 ISO3166 地理分类法命名空间。这三种分类方法适用欧美的商业习惯，缺少普遍应用性，因而出现了面向不同地域和领域应用的分类法需求。自 UDDI2.0 规范引入已检验（checked）的分类架构外部命名空间的概念后，UDDI 操作入口站点支持新的类别模式，并将其集成到 UDDI 注册中心。这一机制使得第三方的分类体系或标识系统的提供者能够扩展 UDDI 操作入口站点，通过集成第三方的分类标准，支持扩展的行业应用。利用这一新特点，贾文珏（2005）提出并验证了分布式 GIS 服务分类法；龚小勇（2007）扩展 UDDI 对 Web 服务的每个 QoS（quality of service，服务质量）指标建立一个分类架构，使 UDDI 在不改变内部结构的前提下实现对 QoS 的支持，用于服务发现。

## 1.2　GIS 服务链与工作流技术

### 1.2.1　服务链

20 世纪末以来，Web 服务发展迅速，目前在网络上或行业组织内部充斥着众多可用的服务。这些服务大多只能完成单个简单任务，为组合这些服务用于更复杂的应用，产生了服务组合的研究。在计算机学科中，为了区别电子商务和工业中服务链（供应链）的概念，将此称作"服务组合"［OGC 和开放分布式处理参考模型（reference model of open distributed processing，RM-ODP）规范中，将此称作服务链］。因为本书重点研究服务和服务组合在分布式 GIS 中的应用问题，所以作者沿用 GIS 行业内国际研究组织 OGC 的术语和定义，使用 GIS 服务链表示服务的组合。

　　"链"类似自行车的链条，是环环相扣、前后衔接的。服务链是服务组合的体现，是基于 Web 服务应用于更复杂应用的一种技术。根据 RM-ODP 对链的定义，服务链为服务的序列，其中每对邻接的服务，前一个服务的发生是第二个服务发生的必要条件（ISO19119 and OGC，2002）。OGC 在《Discussion Paper 03-025：OpenGIS Web 服务架构》文档中重申服务链的定义：某个特定服务激发下一个服务的结构模型（OpenGIS，2003a）。服务链定义了服务执行的时空顺序，以及服务的具体输入和输出。服务链的核心思想在于链接服务，组成一个独立的序列构成新的服务，用于完成更复杂的任务。

　　ISO 和 OGC 联合推出了 ISO19119 规范，在规范中根据用户对服务链的控制能力的不同，将服务链划分为三种类型：用户定义（透明）服务链、工作流管理（半透明）服务链和聚集（不透明）服务链（ISO19119 and OGC，2002）。

　　这三种服务链各有特点，对比分析如表 1-1 所示（贾文珏，2006）。

表 1-1　三种服务链对比分析

| 服务链 | 业务流程<br>定义 | 服务<br>自动发现 | 服务<br>自动组合 | 业务流程<br>自动执行 | 服务<br>执行监控 |
|---|---|---|---|---|---|
| 透明链 | 无 | 否 | 否 | 是/否 | 有 |
| 不透明链 | 无/预先定义 | 否 | 否 | 是 | 无 |
| 半透明链 | 预先定义 | 否 | 否 | 是 | 有 |

## 1.2.2　GIS 服务链概念

　　20 世纪末至 21 世纪初，伴随 GIS 服务的应用推广及分布式应用的发展需求，GIS 服务链的研究拉开了序幕，被提上了日程。OGC、ISO/TC211 等国际研究组织也分别开展了 GIS 服务链的研究。

　　OGC 作为 GIS 行业中的开放标准研究组织在其提出的抽象规范 Topic12（ISO19119 and OGC，2002）中给出了服务链的定义、分类、服务组织目录（SOF）、模型可视化等理论相关问题，并先后启动和完成了 OWS-1.1、OWS-1.2、OWS-2、OWS-3、OWS-4 项目。OWS-1 的任务是提出支持空间信息 Web 服务的互操作的定义和规范；OWS-2 的主要任务是开发和增强 OGC Web 服务标准，使得空间数据和处理服务能够容易发现、存取和使用；OWS-3 集中在集成应用实现等；OWS-4 重点是互操作研究；目前正在实施 OWS-5。

## 1.2.3　工作流技术

　　工作流技术是 20 世纪在工业自动化过程中产生的一种计算机技术，主要用于业务流程的自动化或半自动化管理。伴随其广泛应用，工作流技术已经成为计算机领域发展最为迅速的技术之一。

　　1993 年工作流管理联盟（Workflow Management Coalition，WfMC）的成立是工作流技术发展的里程碑。WfMC 制定了一系列标准和规范，为工作流的理论创新和技术统一做出了贡献。目前工作流技术除了工业和商业流程应用外，还用于科学计算等其他行业，如 Weske 等（1998）在研究工作中以地理空间处理应用为例说明工作流技术在科学研究中的应用。

　　WfMC 将工作流定义为：业务流程的全部或部分自动化，在此过程中，文档、信息或者任务按照一定的业务规则流转，实现组织成员间的协调工作以达到业务的整体目标（WfMC，1995；WfMC，1999）。

　　WfMC 提出了一个工作流参考模型（图 1-5），规定了工作流系统的体系结构、应用接口及特性，主要目的是实现工作流技术的标准化和开放性。工作流管理联盟给出了五个接口。

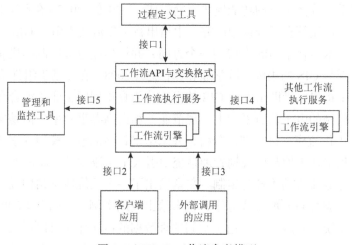

图 1-5　WfMC 工作流参考模型

　　接口 1：工作流服务和工作流建模工具间接口，包括工作流模型的解释和读写访问。

　　接口 2：工作流服务和客户应用之间的接口，这是最主要的接口规范，它约定所有客户方应用和工作流服务之间的功能访问方式。

　　接口 3：工作流引擎和应用间的直接接口。

　　接口 4：工作流管理系统之间的互操作接口。

　　接口 5：工作流服务和工作流管理工具之间的接口。

　　工作流和 GIS 相结合的研究在国外最早出现于 20 世纪 90 年代末。Weske 等在 1998 年明确提出了 Geo-Workflow 的概念，并详细阐述了工作流和空间应用的关系及将工作流管理系统应用到地理研究领域的方法，最后在一个支持科学工作流的管理系统 WASA 的基础上提出了对空间应用的支持策略，在 WASA 的基础上完成了一部分空间建模和自动执行的工作。

Alonso 和 Abbadi 在 1994 年提出了 GOOSE 系统，该系统作为用户与 GIS 系统之间的协同建模工具出现，其部分功能已经非常类似空间信息工作流管理系统。Alonso 和 Hagen 在 1995 年提出的 Geo-Ppera 系统及 Laura A. Seffin 在 1999 年提出的 WOODSS 系统是比较完整的空间信息工作流管理系统。

国内在这方面的研究始于 21 世纪初。吴信才（2004）在《新一代 MapGIS》中介绍新一代 MapGIS 的设计思路时，提出将 GIS 中工作流定义和实例数据统一存放在关系数据库中，实现业务的灵活调整和定制，解决 GIS 和办公自动化的无缝集成。张雪松和边馥苓（2004）在《基于工作流的协同空间决策支持系统的研究》中提出可采用组件技术实现 GIS 功能软件、模型库管理系统与数据库管理、工作流管理系统等多个异构功能模块无缝集成。高勇等（2002）在《基于 OpenGIS 的空间信息工作流管理系统框架研究》中指出将工作流技术引入 GIS 领域管理空间过程的新技术是将来 GIS 发展的一个方向，并提出通过接口调用机制可实现工作流管理系统与 GIS 的集成。陈学业和郭仁忠（2003）在《基于组件式 GIS 的工作流模型》中指出，借助组件式 GIS 技术，才能真正把国土业务整合在一个基于工作流管理机制的电子政府平台上，规范业务和提高办事效率。但是文中只是对组件 GIS 的工作流模型进行理论分析，并未给出具体的系统模型。李满春和高月明（2004）指出在土地利用规划管理系统中引入工作流技术，通过工作流与 GIS 的结合实现业务流程的管理与定制。文章给出了一个系统体系结构设计方案，但并未讨论工作流与 GIS 的集成方案，也未给出应用实例。张周等（2004）提出将工作流管理系统与 GIS 结合，通过空间地理数据的链接作用可以形成 OA、MIS、GIS 子系统，为建设"数字城市"服务。文章只是对工作流与 GIS 结合的应用前景进行展望，并没有给出可能的实现方法。

ERDAS IMAGINE 空间建模工具（Spatial Modeler）和 ESRI ArcGIS 9.x 的模型生成器（Model Builder）提供了可视化的面向目标的模型语言环境，用户可以运用直观的图形语言在面板上绘制流程图，生成空间模型，并执行该模型，返回可视化结果（党安荣等，2003）。这种可视化模型直观、简便，用户可以通过鼠标拖拉图形的方式组成工作流程。目前 ERDAS IMAGINE 空间建模工具和 ESRI ArcGIS 9.x 的模型生成器都只能使用自身模型库中的函数和算子，不能实现分布式异构服务的动态组合（贾文珏，2005）。

目前国内外研究者提出的一些工作流管理系统，有些仅仅是一个理论框架，有些还处在原型系统的层次。这些系统总的来讲有以下几个局限性（高勇等，2002；

王华敏和边馥苓，2004）。

（1）提出的空间信息工作流管理系统大多不符合 WfMC 的工作流产品规范，各个产品都有自己的软件体系结构和 API 调用接口，空间模型也都不一致，它们之间不支持互操作性。

（2）这些空间信息工作流管理系统都是基于某一个具体的 GIS 软件，这样的系统灵活性不够，可扩展能力差。由于它依赖某个具体的 GIS 软件，限制了它的应用范围。

（3）各空间信息工作流管理系统所能够提供的空间操作受到其依赖的 GIS 系统的限制，没有一个规范的空间信息工作流活动模型。

（4）现在的各个空间信息工作流管理系统还是一个个孤立的系统，并且互不兼容，这与 GIS 数据共享和互操作的目标是相背离的。

### 1.2.4　GIS 服务链与工作流技术的结合

GIS 服务链是基于通用协议和技术实现的分布式环境下异构系统、异质数据之间互操作的解决方案，并能实现与其他行业应用系统的集成。但 GIS 服务链可视化表达模型和流程化自动处理能力不强，不支持服务链执行的追踪和监控。这阻碍了 GIS 服务链的应用。

工作流技术作为流程自动化处理的主流技术相对成熟，尤其在可视化流程表达模型方面，并且实现了业务逻辑与应用逻辑的分离，能适应业务的快速变化。

因此，结合 GIS 服务链与工作流技术用于分布式 GIS 集成能够满足分布式环境下的 GIS 应用，并能适应业务需求的快速变化。两者的结合实现了业务逻辑与应用逻辑的分离、服务链执行的追踪与监控、分布式环境下的互操作。基于工作流技术实现的 GIS 服务链是分布式 GIS 集成应用的趋势，具有发展潜力。

## 1.3　GIS 服务链模型及基于工作流技术实现的研究现状

20 世纪末，工作流技术的出现为工业和商业流程中的技术发展带来了革命性创新。工作流与 GIS 服务链的结合研究，既利用了工作流业务逻辑与应用逻辑分离的优势，又发挥了服务链的松耦合等特性，使得 GIS 服务链研究成为继组件式 GIS 后服务式 GIS 研究的主要方向，适应当前分布式 GIS 广泛应用中的集成和共享需求。

关于服务链可视化模型，OGC 认为可以用一种有向图（图 1-6）模型表示，有向图的节点是单个服务或者是多个服务组合而成的服务组合，每一个服务的输入依赖于另一个服务，前后相邻的服务相互依赖，图中的边表示服务的交互（ISO19119 and OGC，2002）。边和节点构成服务链。服务分为数据服务和功能服务。服务节点中的数据服务为该服务和下一个服务提供数据源；服务节点中的功能服务为该服务链提供服务的功能。表示服务链的有向图中的边可以有多种类型，即服务的交互有多种类型，如串行、并行、条件、调用、循环等。

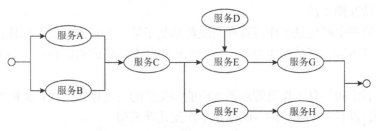

图 1-6　服务链的有向图表达

Bernard 等（2003）指出对服务链的研究需要解决空间信息和操作的表达、服务和数据的目录、服务能力描述、服务语义转换、语义匹配算法和匹配程度这六个问题。

刘书雷等（2007）认为服务聚合或者动态聚合后的抽象模型经过业务逻辑映射后形成的一条可执行的业务实例即服务链。从资源管理、组织出发，参考 WfMC 提出的工作流参考模型，定义了服务聚合参考模型 DSCRM；提出了基于工作流的五阶段动态服务聚合实现机制。该文献中提出的参考模型 DSCRM 基于资源组织、管理，这与现实应用中面向流程、基于事件的应用方式有所不同，因此在应用中缺少现实指导意义。

Luo 和 Ning（2004）提出了一个概念框架和数据结构 SCG（service chain graph），用于地理信息集成，并支持服务链动态创建；在 SCG 模型中，提出了动态结构化变换规则用于服务链动态建模；利用 XML 实现了 SCG 模型，并应用于原型系统 SIGMA。SCG 模型以 XML 方式实现了系统的灵活扩展。

Anderson 等（2005）以 OGC 对服务链分类中的第三种链——聚合服务链为研究对象，利用 Java 开发了模拟工具实现服务链建模、网模型可视化及质量评价，验证了用户也可以基于简单的分布式方式构建复杂的聚合服务链，测试了服务链的复杂性对用户使用的影响程度和对网络负载的影响。

芬兰的 Itala 等（2005）基于国家社会安全和健康发展战略中的 Satakunta Macro Pilot 项目，研究了无缝服务链相关理论和应用模型，提出了基于用例的部门间信息过程模型，解决了如何高效利用服务链收集用户需求的问题。Alameh（2002）对 GIS 服务链的类型及各种类型的服务链的实现技术做了初步探讨。Aditya 和 Lemmens（2003）通过本体词汇描述服务，对基于本体描述的透明工作链做了初步的研究。

　　Stoimenov 等（2002）提出了基于 AgentWrapper 和 mediator 技术的语义的 GIS 互操作框架。贾文珏（2005）研究后认为，服务链的可视化表达及服务链的动态发现和组合是服务链研究的主要问题。服务的动态发现和组合，涉及服务语义的描述和共享。通过 OGC 服务接口标准的定义，可以部分解决语义共享问题，利用 Bemers-Lee 提出的 SemanticWeb 技术通过为服务建立本体，可以实现更加灵活的服务语义共享，解决服务的动态发现和服务链的动态组合问题。Lemmens 和 Arenas（2004）研究了 GIS 服务链中日益增长的服务发现需求问题，提出了基于本体语义描述和地理定位本体的 GIS 服务发现方法和地理匹配方法，并给出实例验证了该方法的有效性和限制。美国 George Mason 大学 LAITS 研究中心的 Di 等（2005）研究了 GIS 服务链中的服务发现、组合方法，提出了基于"Geo-Object"概念的"Geo-Tree"组件，使用本体论解决了 GIS 服务链中的智能服务发现、组合方法。

　　巫丹丹等（2007）提出了利用中间件技术实现异构数据集成存在的问题，并针对存在的问题，提出了一个面向服务的 Web 异构数据集成体系结构。该体系采用数据封装为服务的方式，屏蔽了底层数据源修改对数据应用的影响。这篇文献是较少研究空间数据集成的一篇。作者认为，GIS 服务链是用来实现数据集成和共享的有效技术，但目前这个方向的研究较少，而且巫丹丹等的研究也只是利用 GIS 服务实现了数据和数据源的封装，对现实应用中海量栅格、矢量数据等的高效检索等方面并没有探讨。

　　Einspanier 等（2003）指出现有服务链模型缺乏流程描述和执行规则的描述能力，并提出采用 BPEL4WS 作为服务链描述的解决方案。Lemmens 等（2006）针对地理空间数据的复杂性和异构异质性，研究了基于工作流和本体技术的 GIS 服务链，用于解决不同时空异质信息和不同地理分布的服务及功能的集成应用。在研究中，Lemmens 提出了基于工作流实现 GIS 服务链的方法，并使用基于 XML 的技术和通用本体描述、发现、组合、重用服务链，解决了服务链中语义和语法描述的集成应用。贾文珏等（2005）提出了一种基于服务动态选择构建 GIS 服务链的方法，并论述了基于工作流的 GIS 服务链描述语言 BPEL4WS，给出了实例分析，但并没有对基于工作流的服务链的可视化模型方法及服务链执行的监控和追踪进行研究和论述。

　　综上所述，目前的研究大多集中于理论研究，在应用和实现方面较少，在 GIS 服务链集成应用模型研究方向更少。

　　作者经过对 GIS 服务链的研究，认为 GIS 服务链在分布式 GIS 中的集成应用模型研究及可视化模型表达是 GIS 服务链应用的两个重点方向，其中，GIS 服务链应用中的空间数据高效快速检索、大数据量高效处理方法、协同办公，以及服务链执行的监控、追踪是这两个研究方向中需要解决的技术重点。

# 1.4　本书研究内容

经过查阅文献资料和初步研究，作者认为 GIS 服务链以其松散耦合体系、开放性成为解决分布式环境下 GIS 空间数据和功能集成、共享的有效方案。

本书基于目前的研究现状和现实应用问题，以 GIS 服务链集成应用模型和可视化建模为研究方向，以分布式空间数据快速检索、大数据量高效处理、业务协同办公、服务链执行监控追踪等现实应用问题为研究重点，展开研究内容，并探索基于工作流技术的 GIS 服务链实现。

具体内容如下。

（1）在 OGC 和 ISO/TC211 等组织提出的服务和服务链相关术语定义的基础上，结合工作流相关术语，结合 GIS 特点及应用中的现实性问题，从应用角度探索 GIS 服务链分类方法、GIS 服务链相关术语定义。

（2）从应用和理论出发，探索 GIS 服务链应用中的参考模型和集成应用模型，为 GIS 服务链的应用奠定从抽象到具体再到部署的理论基础。

（3）研究 GIS 服务链的技术体系，从服务链底层协议到消息描述传输机制再到服务发现、服务链模型描述等各个环节，为后文中实验系统的实现提供技术支持。

（4）研究现有分布式 GIS 集成实现技术；结合工作流在业务逻辑与应用逻辑分离的技术优势及工作流的成熟技术，探索基于工作流的 GIS 服务链方案在分布式 GIS 应用中的集成模型。

（5）从分布式 GIS 应用实际出发，探索并研究 GIS 服务链在分布式 GIS 应用中高效数据检索、大数据量影像数据处理效率及分布式环境下的协同编辑解决方案。

（6）探讨并对比现有可视化建模技术和模型描述机制，研究高效、实用、具有扩展性的可视化建模方法。新的建模方法需要支持一致性维护、长事务处理等特性，并能够实现对 GIS 服务链执行的监控和追踪。

（7）从用户和应用角度，探索 GIS 服务链的评价模型和 GIS 服务的质量评价指标，并研究 GIS 服务的可信度和可用度修正方法。

（8）分析城市规划行业中的新需求，设计并实现基于工作流技术的 GIS 服务链系统在城市规划管理中的应用，验证新的服务链建模方法及服务链执行中的监控和追踪。

本书以 GIS 服务链的应用研究为主，重点研究 GIS 服务链的集成应用模型、GIS 服务链应用中的现实问题、GIS 服务链建模方法等内容。本书的章节组织安排如下。

　　第 1 章为地理信息服务建模概述。论述 GIS 服务和 GIS 服务链的概念及发展，并阐述工作流技术的研究背景和现状；论述工作流技术和 GIS 服务链结合研究现状；提出本书的研究内容。

　　第 2 章为 GIS 服务链理论基础。本章总结 OGC 和 W3C 等组织的 Web 服务和服务链相关概念、工作流技术相关术语，从 GIS 应用的视角提出 GIS 服务和 GIS 服务链相关的术语和概念；根据现实应用模型提出基于节点关系的服务链分类方法。进一步提出 GIS 服务链的应用参考模型，为后文的实验系统奠定理论基础。

　　第 3 章为 GIS 服务链相关技术及实现模型。本章前半部分设计一个分布式 GIS 应用实例，探索 GIS 服务链应用模型。后半部分围绕应用模型论述 GIS 服务链的技术框架体系，为 GIS 服务链应用实现提供技术支持和准备。

　　第 4 章为基于工作流技术的 GIS 服务链集成模型。本章分三部分，第一部分论述工作流技术和 GIS 服务链的区别，以及分布式 GIS 集成相关技术；第二部分研究分布式环境下基于工作流技术的 GIS 服务链集成模型；第三部分研究分布式环境下 GIS 服务链应用中的三个具体问题：高效数据检索机制、大数据量影像数据处理策略、分布式协同编辑模型。

　　第 5 章为基于工作流和扩展 ECA 规则的 GIS 服务链建模。本章首先分析目前存在的可视化建模技术，然后提出基于关系数据库和 ECA（event-condition-action，事件-条件-动作）规则的服务链建模方法，进一步论述模型中控制链与数据链的交互、服务链引擎与工作流引擎的交互两个内容。本章为后文实验系统中服务链建模实现提供技术保障。

　　第 6 章为服务链性能评价初步研究。本章以服务的 QoS 概念和分类为基础，以用户应用为核心，以"最好的并非最适合的"为准则，提出面向用户的 QoS 指标分类；并对 UDDI 中存在的服务可用性差、可信度低的问题，提出基于 QoS 的用户反馈修正机制维护服务信息，提高服务的可用性和可信度。本章第二部分从服务链建模、执行、结果、成本四个层次提出具有分层结构的 GIS 服务链评价模型；最后重点论述 GIS 空间数据评价指标。

　　第 7 章为 GIS 服务链应用实验系统设计与实现。本章是本书所论述理论和技术的实验系统部分。本章从分析城市规划行业新需求开始，在数据封装和业务流程功能封装两个方面论述 GIS 服务链的解决方案；提出基于服务链的 UPGIS 实验系统，论述系统的架构、实例和系统特点。重点论述基于关系数据库和 ECA 规则的服务链建模方法的设计和实现，并论述 GIS 服务链执行监控和追踪。

　　本书各章节安排组织结构如图 1-7 所示。

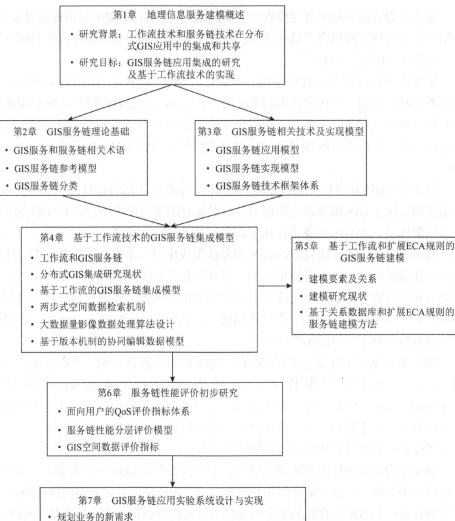

图 1-7　本书各章节安排组织结构图

# 第 2 章　GIS 服务链理论基础

GIS 服务是 GIS 技术继组件式技术后的又一新技术，是 GIS 和 Web 服务的技术集成。GIS 服务以通用的服务协议和技术，如 Http、SOAP、XML 等实现了其应用的跨平台、互操作等特性。用户能够基于 GIS 服务实现任何应用客户端（桌面应用客户端、Web 浏览器、移动设备）及任何软硬件平台上应用系统和数据的互联，并且这种连接是与开发平台或编程语言无关的。GIS 服务和 GIS 服务链即是在此背景下产生的新一代 GIS 技术。

集成服务的 GIS 服务链集成模式是下一代分布式 GIS 系统应用技术趋势，能够解决用户更大更复杂的任务。其应用主要表现在以下三点（OpenGIS，2003a）：①支持基于网络的多平台 GIS 处理服务和定位服务；②集成标准 Web 服务技术，支持跨平台的多资源互操作、跨网络通信；③减少分布式用户、真实世界、信息世界之间的信息屏障。

本章结合 OGC 和 ISO 组织的研究，借鉴并引入了工作流技术相关术语，首先概括了 GIS 服务和服务链的基本概念，然后提出服务链的参考模型和分类方法等基础理论内容，为后续章节探讨服务链应用模式提供理论基础。

## 2.1　GIS 服务和服务链相关术语

GIS 服务和服务链基本术语关系如图 2-1 所示。

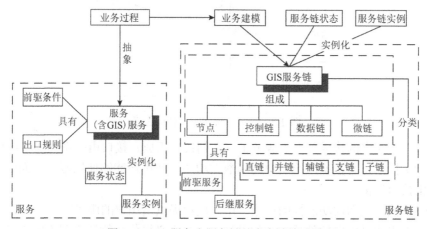

图 2-1　GIS 服务和服务链基本术语关系图

### 2.1.1 GIS 服务相关术语

**1. 服务**

服务是指实体对象通过接口提供的，且能完成一定功能的函数。

服务的目标是实现在分布式环境下各个组织内部及组织之间任意数量的应用程序，或者应用程序组件能够以与平台无关和语言无关的方式无缝交互。

**2. GIS 服务**

根据 ISO 和 OGC 对服务的定义（ISO19119 and OGC，2002），作者提出 GIS 服务，定义如下。

GIS 服务是具有以下功能的 Web 服务：①能够操作或访问地球表面及地下相关 GIS 数据；②具有基于网络的互操作能力，能够操作多种 GIS 数据。

**3. 服务的自描述**

服务包含自身的描述信息，这使得服务不仅提供用户功能，还有功能的元数据描述。服务通过这种自描述特性，在服务注册中心发布一个经过授权的元数据描述访问源，实现服务的自发布。

**4. 接口**

接口由一系列操作构成，用于描述实体对象所支持的行为特征。

**5. 操作**

操作是指能被实体对象调用执行的转换或查询规范。操作是面向开发者的底层接口，是功能的具体实现。

服务、接口、操作的关系如图 2-2 所示。

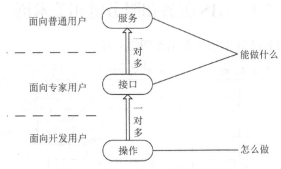

图 2-2　服务、接口、操作的关系

（1）一对多的构成关系。服务由一系列接口组成；接口由一系列操作组成。

（2）操作是直接暴露给用户的函数性功能，使用户能够使用服务，而服务的描述由接口提供。

（3）接口是面向功能性的描述，用以表示提供给用户的服务。

（4）操作是面向软件重用性的设计，通过定义操作，能够实现不同服务间接口重用，即面向功能性的重用。

## 6. 互操作

在不同的函数单元、系统模块、系统
及硬件之间，当用户不了解它们之间太多
信息的前提下，能够实现其相互通信、函
数调用、数据转换等的能力，称作互操作。
如图 2-3 所示，存在两个模块 Module 1 和

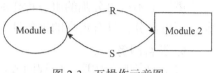

图 2-3　互操作示意图

Module 2，从 Module 1 发送到 Module 2 的请求为 R，从 Module 2 返回到 Module 1
的答复为 S。如果 Module 1 和 Module 2 都能理解请求 R，并且 Module 2 在理解
了请求 R 后，发送一个应答 S 给 Module 1，同时 Module 1 能够理解 S 的具体含
义，此时就可以称作 Module 1 和 Module 2 具有互操作性。

## 7. 地理互操作

地理互操作的定义是基于互操作定义的延伸。其延伸主要表现在两方面：
①能够自由交换、处理地表及地下多维空间中地理对象或地理现象的数据和信息；
②具备网络上可运行特征，并支持在线协同处理以上所述地理空间数据和信息。

OGC 抽象规范 Topic12：OpenGIS Services Architecture 重点关注如何实现地
理元数据的语法和语义互操作，地理数据如何支持这类互操作。

（1）语法互操作：对事物（操作对象）的语法和词法描述，用于实现数据及
功能的相互访问和调用，如不同系统或产品间的数据访问。两个系统使用和处理
的数据具有相同的结构。

（2）语义互操作：针对事物（操作对象）的内容的描述，支持在特定环境下，
不同产品或系统对互操作对象的内容一致性理解和判读。两个系统中对使用和处
理的信息具有相同的语义理解（图 2-4）。

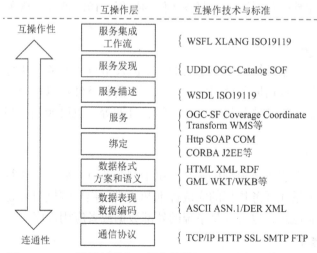

图 2-4　OGC 提供的服务互操作协议栈（OpenGIS，2003a）

**8. 原子服务**

逻辑上不可再分割的服务称作原子服务。原子服务是服务链中的最小构成单元，不可再分，具有很高的抽象性和重用性。

**9. 聚合服务**

多个原子服务按照一定规则或业务逻辑聚合而成的服务组合称为聚合服务。聚合服务对外表现为一个单体服务，能完成更加复杂、更加集成的任务，需要服务链或其他服务调用激活。

**10. 实例**

实例是抽象模型的具体执行表现，与具体的任务和业务模型相关联。实例是任务线程的执行体。在服务链中可以分为服务链实例和服务实例，这两种实例的产生和管理由服务链引擎或者服务链外包程序负责。每一个实例可以独立控制运行，与服务链内部数据或者外部应用数据交互。

**11. 服务实例**

服务实例是宿主在特定硬件上，并且可通过网络访问的服务本身（ISO19119 and OGC，2002）。每个服务实例，通过与相关数据（系统数据或者应用数据）交互，完成服务链中分配给该服务的任务。

根据服务与数据的相关度，服务实例分为两种：紧耦合型服务实例和松散型服务实例。紧耦合型服务实例的元数据不仅包括服务本身的描述，还包括其相关数据集的描述，如数据集类型、访问参数等；而松散型服务实例的元数据，只需要服务实例本身的描述信息即可。

**12. 服务元数据**

用于描述服务及服务实例的数据，称作服务元数据（ISO19119 and OGC，2002）。服务元数据包括服务和服务实例的操作、访问地址、服务实例相关数据等（图 2-5）。

**13. 前驱条件**

前驱条件是在服务链模型中定义的用于激发节点（服务）执行的入口标准或激发规则。前驱条件由服务链引擎管理监控。前驱条件可以是服务链（服务）相关数据，或者是系统某些数量值，如时间、日期等，也可能是一些外部事件或者应用程序。

**14. 出口规则**

出口规则是在服务链模型中定义的用于判断节点（服务）执行是否完毕，是否达到了预先可量化任务指标的完成标准和要求。出口规则可以是由服务相关数据组成的逻辑表达式，也可以是系统的外部数据或者应用程序。

**15. 输入参数**

服务中输入的参数，用于初始化服务。

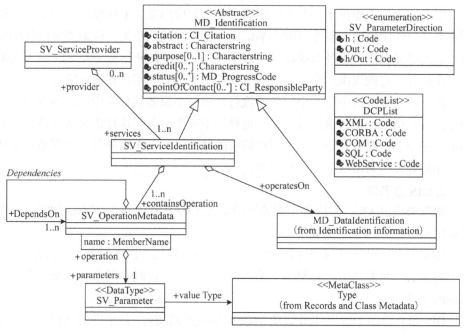

图 2-5  OGC 元数据静态类图（改自 ISO19119 和 OGC，2002）

## 2.1.2  GIS 服务链相关术语

### 1. 服务链

服务链定义为服务的序列，其中每对邻接的服务，前一个服务的发生是第二个服务发生的必要条件（ISO19119 and OGC，2002）。服务链定义了服务按照特定的时空顺序来执行，有始有终，且具有清晰定义的输入和输出。服务链的核心思想在于链接服务，组成一个独立的序列构成一个新的服务，用于完成更大的任务。

服务链可以被表示为有向图（参见图 1-6）。有向图的节点是单个服务或者是多个服务组合而成的服务组合，每个服务的输入依赖于前一个服务，前后相邻的服务相互依赖，图中的边表示服务的交互。边和节点构成服务链（ISO19119 and OGC，2002）。服务分为数据服务和功能服务。服务节点中的数据服务为该服务和下一个服务提供数据源；服务节点中的功能服务为该服务链提供服务的功能。表示服务链的有向图中的边可以有多种类型，即服务的交互有多种类型，如串行、并行、条件、调用、循环等。有向图中代表服务的节点包含两种信息：参数和数据源。参数表示在服务链中该服务的配置信息；数据源标明该服务执行需要的数据类型和来源方式等内容。

　　服务链为用户提供了一个非常便捷、实用的应用系统架构模式，例如，决策制定者可以使用集成了服务链的决策辅助支持系统辅助决策；旅游者可以使用旅游专题网站或者移动服务商提供的集成了服务链功能的旅游服务系统，输入旅游者所在位置，查询周围的旅馆、商场、加油站等信息。用户只需要输入一个请求条件即可激发服务链中第一个服务的执行；第一个服务执行完毕后，激发第二个服务执行；第二个服务执行后的结果再触发下一个服务，这样依次迭代执行，直到最后一个服务执行完毕，返回用户请求的结果。每一个服务节点处理前一个请求，并把处理结果传给下一个服务节点。

**2. GIS 服务链**

　　根据 ISO 和 OGC 对服务和服务链的定义（ISO19119 and OGC，2002），作者提出 GIS 服务链，定义如下。

　　GIS 服务链即 GIS 服务的序列。这一序列必须具备以下两点：①满足 OGC 提出的前后一对服务组的必要条件关系；②必须支持在此序列上 GIS 数据与 GIS 功能的流动。

　　GIS 服务链是 GIS 与服务链及 Web 服务技术的结合，是地理信息服务技术和面向服务的软件架构模式（SOA）成熟后的新发展方向。GIS 服务链主要研究分布式环境下，如何基于通用或专用协议，在尽量少的改变或不改变原有系统中函数、功能的基础上，实现异构系统、异质异构数据之间的共享和互操作，并实现与其他 IT 应用系统的集成。GIS 服务链通过组合现有的空间 GIS 数据服务和 GIS 功能服务，完成用户的复杂任务。

**3. 服务链的构成元素**

　　服务链的构成元素包括节点、流向、路径、参数等元素，如图 2-6 所示。

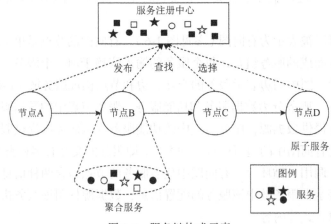

图 2-6　服务链构成元素

（1）节点。节点代表一个原子服务或者是聚合服务，是服务链的一个流程节点，完成服务链的部分功能。从数据类型分析，节点包括两类数据：节点参数和数据源。参数是节点处服务的配置信息；数据源指明节点输入数据的访问地址和类型等信息。

（2）路径。路径是两个节点之间的连线和流向，代表服务链中的数据和控制流向。路径是有方向的，可以用开始节点到终点表示一条路径。特殊情况下，起点和终点是一个点，此节点称作自循环节点，路径称作自循环路径。图 2-6 中，箭头线即表示路径。

（3）流向。流向表示数据或者控制信息在服务链中的走向，在服务链模型中表示为一条路径。对节点而言，分为流入和流出两种类型；根据流向所传递信息的不同，可以将其分为数据链和控制链两种流向，分别传递数据和控制信息。

#### 4. 微链

微链是由多个服务链接而成的服务链，可以作为一个原子服务使用，并具有服务链的特征，能够单独运行，这是与聚合服务的区别。

聚合服务和微链体现了服务链的伸缩性，以此支持自上而下的渐进式抽象开发模式或者自下而上的迭代聚合开发模式。

#### 5. 节点

内嵌在服务链中完成一个任务（相对于服务链是指一个任务，现实中可能是几个任务的组合）的逻辑步骤。这个节点的执行或者是自动执行，或者是手动执行。节点是服务链模型的重要组成部分，也是服务链中的最小构成单元。在每个节点，分配一定的业务逻辑和相关数据。根据节点的执行驱动可分为手动执行节点和自动执行节点。

#### 6. 服务链实例

服务链抽象模型经过实例映射后形成可以运行的具体服务链，具有独立可运行性和审计特征。服务链实例对应现实生活中的业务逻辑模型，实例的运行能够完成某项具体的任务。

#### 7. 前驱服务

用于驱动或者激发服务运行的服务称作前驱服务。用于触发服务执行的条件不仅仅局限服务，也可以是逻辑表达式、外部数据、系统日期/时间等。但只有具有激发其他服务的服务才称作前驱服务。

#### 8. 后继服务

服务链流程中当前服务的下一个服务称作后继服务。后继服务是相对当前服务而言的，其数据来源部分或者全部来自于前一服务。

### 9. 控制链

从字面含义可以看出，控制链用于控制服务链的执行。控制链及下文的数据链并不是一种链状结构，而是定义了服务链行为执行顺序的一组控制信息。控制链并不提供行为之间数据如何交换的指令。

### 10. 数据链

数据链用于控制服务链中业务流程数据流的流转机制。它定义了行为之间的数据交换，定义了源数据和目标数据之间的数据映射和转换规则，并不提供数据如何转换的指令。

服务链中，控制链和服务链有时是紧密相连的，有时是分开的，因为两个节点之间行为操作执行时不一定要传送数据。在控制链和服务链紧密相连的情况下，数据是在两个相邻节点之间传递的，即当前节点的 input 是上一个节点的 output。但有时候需要在不相邻的节点之间传递数据，这就需要用数据链来定义这种传递关系。另一种情况是当前节点的 input 包含两个以上节点的 output 信息，这时也需要用数据链来定义数据的映射关系。

### 11. 任务项

任务项代表用户定义在服务链实例中的一项具体任务，一般存储在任务列表中。有时由服务执行，有时需要调用外边工具或应用程序处理任务项。

### 12. 任务列表

任务项的集合称作任务列表。任务列表一般包含了用户在服务链中某个节点所能处理任务的总和。在服务链实例中一般在节点处设置任务列表。

## 2.2　GIS 服务链参考模型

GIS 服务是当今 GIS 应用的一个新的趋势和需求，以 GIS 服务为技术核心的应用系统越来越多。尤其是伴随 Internet 的发展，用户希望能够跨越网站、跨越平台访问异质数据或者调用异构系统的部分功能组件，GIS 服务和 GIS 服务链就是以此为应用背景产生的新一代 GIS 技术。本书结合 GIS 服务的特点和 GIS 服务链的应用需求，并参考借鉴 WfMC 提出的工作流参考模型，从应用角度提出 GIS 服务链应用参考模型（图 2-7）。这一模型的提出，从应用的角度确定了 GIS 服务链的研究框架体系，为 GIS 服务链的应用和基于 GIS 服务链的应用系统的开发提供了可参考的框架模型。

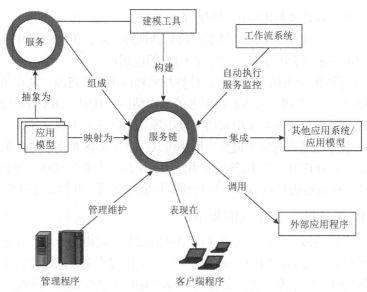

图 2-7　GIS 服务链应用参考模型

## 2.2.1　GIS 服务链与应用模型的集成

　　GIS 的多学科性奠定了 GIS 广泛应用的基础。GIS 技术与行业应用模型结合，利用 GIS 的空间分析功能，解决了复杂的空间问题，促进了行业发展。GIS 与应用模型系统集成可以分为三个层次：松散集成、紧密集成和无缝集成（Park and Wagner，1997；Zhang and Griffith，2000；Ungerer and Goodchild，2002）。从目前研究看（于海龙等，2006），GIS 技术与行业模型应用结合的趋势越来越明显，但存在如下问题。

　　（1）不管采用 GIS 环境内部集成或外部集成，以及上述三种集成方法的何种集成方式，目前大多采用系统集成模式，对数据与功能进行融合，这样不可避免地要把 GIS 系统的功能和数据全部或部分包含进去，产生明显的功能冗余，使集成效率低下，且由于功能复杂限制了用户的使用；虽然基于组件技术可以实现组件之间的集成，但组件技术不支持跨平台异构环境，使得集成效果与应用范围受到限制。

　　（2）单模型与 GIS 集成，一般表现为专题系统，应用模型内嵌在应用系统中，表现为具体的功能模块。模型并未单独管理，缺少统一的模型描述信息或模型元数据等，各单模型很难实现抽取、集成、动态修改演化，应用模型复用困难。

　　（3）采用应用模型管理系统 MMS 与 GIS 进行集成，虽然可以采用 MMS 实现对模型的修改维护、调用执行等，但各模型库的组织方法、模型表示方法、模型抽取集成方法、模型与数据的链接规则、模型元数据等无统一标准，难以实现模型复用，不能有效地利用应用模型库资源。

（4）GIS 与应用模型集成，虽能解决复杂地理问题，但用户操作界面复杂，给用户的应用带来巨大的困难，限制了 GIS 的应用推广。

伴随 IT 行业的突飞猛进，分布式计算技术和应用发展迅速，从单机集中模式到 C/S、B/S 模式，并逐步进入面向服务的系统结构。其中，GIS 行业经历了从面向数据到面向服务、从数据重用到功能重用等几个转变后（贾文珏，2005）也跨入了以 GIS 服务为基础的服务链集成应用模式。基于 GIS 服务、GIS 服务链与应用模型集成，充分利用 GIS 服务的通用性和跨平台、专业领域间、异构环境下的互操作特性，可以解决目前 GIS 与应用模型集成的复用、互操作等复杂问题。

### 2.2.2　GIS 服务链与工作流的集成

工作流技术的最大优点是实现了应用逻辑和业务逻辑的分离，在业务逻辑的建立过程中可以不考虑应用和资源的异构性。工作流模型虽然在逻辑上屏蔽了不同资源的异构性，但是没有解决分布式异构环境中资源的互操作问题，而 Web 服务提供了对分布式异构资源的互操作能力，因此工作流技术和 Web 服务的结合提供了逻辑和应用两个层面的互操作能力；同时工作流技术实现了对服务运行的协调、监控和管理，为空间信息服务的聚合提供了可行、有效的方案。因此，空间信息服务集成的方法、框架在一定程度上可以参考工作流相关技术来进行设计（刘书雷，2006）。

服务链集成模式的与平台无关的技术特点，使得异构平台上的应用集成实现更加容易。传统的分布式对象技术，如 CORBA、COM/DCOM 等，在互操作方面技术实现相对复杂，尤其是基于 Internet 环境下工作流集成应用方面更为突出。在 GIS 应用中，再考虑空间数据的复杂性，其应用和实现更加复杂。GIS 服务链使用通用的协议和技术，如工业标准 Http、SOAP、XML 等，实现了异构软硬件平台下的系统和数据互操作。

GIS 服务链与工作流技术的集成，综合了工作流技术的业务与应用分离特性和 GIS 服务的异构互操作简单性，同时利用 GIS 服务和 GIS 服务链强大的跨网络数据处理能力实现了 GIS 空间数据的处理。以上两者的结合拓展了 GIS 应用，使得业务流中的不同业务活动的交互更加简单。

## 2.3　GIS 服务链分类

### 2.3.1　OGC 分类方法

OGC 在其抽象规范 Topic12 中提出了一种按照服务的可见性和用户对服务链

的控制的分类方法，将服务链分为三种：用户定义（透明）服务链、工作流管理（半透明）服务链和聚集（不透明）服务链（ISO19119 and OGC，2002）。对用户应用而言，三种类型之间除了服务的可见性不同之外，另一个重要区别是用户对服务的控制性不同。在透明服务链中，用户控制服务的执行；在半透明服务链中，用户监督下由工作流服务控制服务链的执行；在不透明服务链中，聚集服务执行控制功能，用户不可见。

1）用户定义（透明）服务链

此类型中，用户定义和控制服务的执行顺序，负责每个服务之间的交互，了解每个服务的细节。用户必须了解每个服务，必须具有查找和发现服务的能力，能够判断查找到的服务是否满足需求，如何组合构建服务链。而且当服务链执行中断后，用户能够判断出错原因，并能重新修改服务链使得其可以继续执行。

此类型服务链的特点是在服务执行前，特定的服务链并不存在。用户通过目录服务动态发现所需要的服务，同时必须设计一个有效的、可执行的服务链。用户可以重复服务链的执行直到得到满意的结果，服务链可以被保存及被其他用户所使用。这种模式的优点是用户了解服务链的所有细节，因此称作透明服务链。缺点是对用户的先验知识要求比较严格，用户必须具有足够的知识和能力才能控制服务链的执行。

用户定义服务链类型结构如图 2-8 所示。本例中，服务的发现和注册都是通过目录服务实现，在其他应用中也可以使用 UDDI、OGC 的 SOF 等。

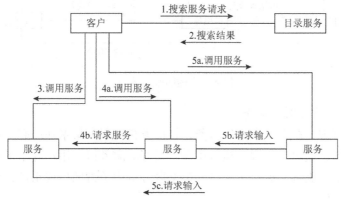

图 2-8　用户定义服务链类型

2）工作流管理（半透明）服务链

此类型服务链中，用户负责服务链参数或者某些特殊事件的处理和判断，服务链的执行由服务链中的流程服务实现。并不是所有服务对用户可见，而用户对服务链中服务的控制是通过流程服务间接实现的，因此称作半透明服务链，又称作工作流管理服务链。

半透明服务链的典型特征是在用户执行之前，已经存在一个预先定义的服务链模型（ISO19119 and OGC，2002）。服务链的执行依靠服务链中的流程服务，因此可以结合工作流技术实现服务链。半透明服务链中，流程服务负责服务链中的分布式计算等任务，用户负责服务链执行中某些特定事件或执行的判断。例如，在一个迭代计算中，计算工作由流程服务驱动服务链执行，用户需要判断迭代计算是否达到了所需精度。

半透明服务链类型结构如图 2-9 所示。图中给出的是一个流程服务的示例，也可以由多个流程服务构成半透明服务链。极限情况下，服务链中的每个服务都包括流程服务。如果超过一个流程服务，则流程服务必须依次执行预先定义的服务链。半透明服务链（工作流管理服务链）充分利用了工作流技术的业务逻辑与应用逻辑分离的优点和工作流的监控能力，具有监控工作流中服务的特点。

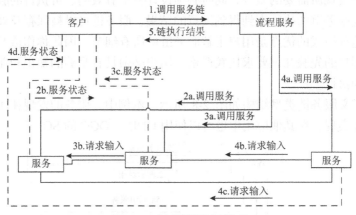

图 2-9　半透明服务链类型

3）聚集（不透明）服务链

在此类型中，存在一个聚集服务，将任务相关服务集聚在一起。用户直接与聚集服务交互，通过聚集服务执行预先定义好的服务链，用户并不了解聚集服务中所包含的单个服务。聚集服务是此类型服务链中关键的构成组件，负责其包含服务的协调工作。

聚集服务链在应用中，一般针对具体的业务流程定制服务链，并确定服务链中服务的调用执行顺序（Bernard et al.，2003）。聚集服务链减少了用户工作量，聚集服务负责服务链执行和业务相关服务工作的细节问题，但同时降低了客户端的灵活性及用户对服务链中服务的控制性。

聚集服务链类型如图 2-10 所示。用户通过与聚集服务的交互执行服务链，用户不了解聚集服务中的服务。

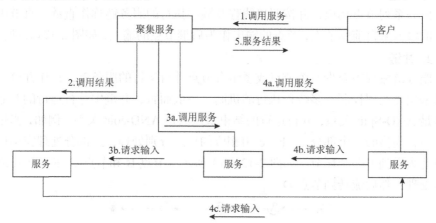

图 2-10　聚集服务链类型

## 2.3.2　有向图分类方法

服务链可以被表示为有向图（见图 1-6）。有向图的节点是单个服务或者是多个服务组合而成的聚合服务，每个服务的输入依赖于前一个服务，前后相邻的服务相互依赖，图中的边表示服务的交互。

根据有向图是否支持循环，将服务链分类为循环服务链和非循环服务链。

图 1-6 所示为非循环服务链，所有的流向都是单向，而且不存在后一节点回流到前一节点的问题。但现实业务模型中，确实存在类似回流这样的业务需求。如图 2-11 所示，在节点"综合处接件"和节点"处长分件"之间的流向 A 和流向 B 就是一对相互循环的流向。

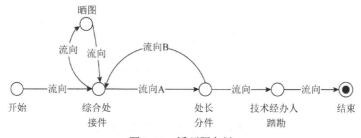

图 2-11　循环服务链

## 2.3.3　根据节点关系的分类方法

以上两种分类方法分别从更高的抽象层次和图形表达层次对服务链进行了分类，但这种分类方法并不能很好地反映现实中服务链应用模式。因此，本书着重从现实应用角度，提出了基于节点关系的 GIS 服务链分类方法。

**1. 直链**

由一系列节点构成，并按照单线程及顺序执行的服务链称作直链。直链中，节点的输入来自前驱节点，节点的输出作为后继节点的输入，如图 2-12（a）所示。

**2. 并链**

服务链流程中至少两个节点或者组合节点并行运行的服务链，称作并链。对并链采用多线程控制、多线程执行的机制。一般而言，并链中并行运行的开始节点满足 AND-Split 关系，并行运行的结束节点满足 AND-Join 关系。例如，当填表结束后，表格的三个部分 a、b、c 由相应的程序分别处理，三部分处理完毕后，再将此表送到下一个环节。如图 2-12（b）所示，节点 B 和节点 C 在节点 A 之后并行处理，然后流转到节点 D。

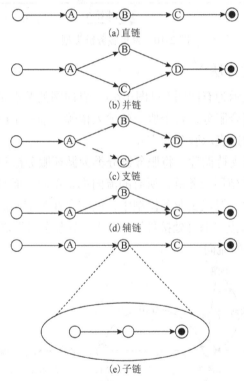

(a) 直链

(b) 并链

(c) 支链

(d) 辅链

(e) 子链

图 2-12　基于节点关系的分类

**3. 支链**

支链是服务链中与并链类似的一种关系。服务链中在某节点处开始的多个分支称作支链。此节点处需要根据条件判断服务链应该流向哪一个分支。如图 2-12（c）所示，在节点 A 处，根据业务规则判断下一环节是流向节点 B 还是节点 C。

**4. 辅链**

辅链与支链类似，也存在分支，但此分支不是备选分支，是为了辅助服务链当前节点转向下一个节点而产生的一段流程。这段流程称作辅助流程，该服务链称作辅链。辅链有几个不同于支链的特点：①辅链是必须执行的；②辅链的开始和结束节点之间对应在服务链上的主流向只有一条路径，没有节点。如图 2-12（d）所示，A—B—C 属于辅助流程，其开始节点 A 和结束节点 C 之间，对应到服务链主流向上只有一条路径（A—C），不存在节点。

**5. 子链**

子链是通过其他服务链上的节点调用和执行的服务链。子链是服务链的一个构成部分，拥有自己的业务流程定义功能，具有可重用性。如图 2-12（e）所示，在服务链主流程上，节点 B 由一个子链构成。

# 2.4　本章小结

GIS 服务是 GIS 技术发展的新阶段。集成 GIS 服务的 GIS 服务链不仅吸取了 Web 服务的成熟技术和模式，而且基于工业化标准协议和技术，如 Http、XML 等实现了分布式 GIS 应用环境下异质数据异构应用的互操作，同时为用户提供了简单的集成和访问界面。GIS 服务链支持跨平台的多资源互操作、跨网络通信，用户能够实现任何应用客户端（桌面应用客户端、Web 浏览器、移动设备），以及任何软硬件平台上应用系统和数据的互联，并且这种连接是与开发平台或编程语言无关的。GIS 服务链减少了分布式用户、真实世界、信息世界之间的信息屏障。

本章首先结合 OGC 和 ISO 国际研究组织在 Web 服务方面的研究并借鉴 WfMC 在工作流方面的研究成果，概括了 GIS 服务和服务链的基本概念，并提出了微链、前驱服务/后继服务、前驱条件/出口规则等新术语；然后提出了服务链的应用参考模型；最后介绍了 OGC 提出的服务链分类方法，并从应用视角提出了根据服务链节点关系的分类方法。本章在理论方面的论述和研究，为后续章节探讨服务链应用模式提供了理论基础。

# 第3章　GIS服务链相关技术及实现模型

GIS作为一种以计算、建模、分析为主的信息系统，融合了数据库、图形图像学、计算几何等技术，为人类的生产生活提供了空间分析和建模功能。过去的几十年，GIS技术随着人类的应用需求变化从传统单机、紧耦合的系统模式逐渐转变为以互操作、共享为目标的GIS服务。在传统的GIS系统模式下，用户可能只需要规模庞大的GIS应用系统的小部分功能，但不得不安装并学习整个软件系统。GIS服务技术的出现，使得用户可以按需装配客户端应用，减少了功能冗余。

以GIS服务为技术基础的GIS服务链，面向GIS的复杂空间分析、查询，分布式GIS数据应用等问题，是分布式GIS集成应用的有效解决方案。GIS服务链的核心组件——服务，为用户提供了一个自描述、自包含的功能组件，用户可以基于服务，根据业务需求封装个性化的界面，满足了用户的个性化习惯，使界面更加简单。GIS服务链采用工业标准的通信协议和技术，如TCP/IP、Http、SOAP、XML等为其底层通信传输协议和数据交互技术，实现了分布式异构GIS应用环境下的互操作问题。

本章从GIS服务链的应用模型开始，介绍GIS服务链的应用模式、实现模型、技术框架体系，为本书确立技术支撑体系。

## 3.1　GIS服务链应用模型

### 3.1.1　分布式GIS服务链应用实例

地理空间数据的空间分布特征决定了GIS应用的分布性，而GIS诞生的原因也是其能有效处理空间分布的地理数据。图3-1所示即为一个分布式GIS服务链应用的实例。

图3-1中，存在地理分布不同的三个城市（北京、上海、杭州），包含四个单位：位于北京的国家基础地理信息中心提供影像数据；位于北京的分中心A提供网络覆盖服务（WCS）；位于上海的分中心B提供华东区影像数据，并对外提供网络覆盖服务（WCS）；位于杭州的浙江大学是应用端用户，并在应用端开发一个分布式GIS服务链集成应用程序。

实例的目的是使用国家地理信息中心和两个分中心提供的基础数据及GIS服务，并集成本地GIS服务，构建GIS服务链，为用户提供浙江省内沿海城市的栅格和高速公路的叠加地图。

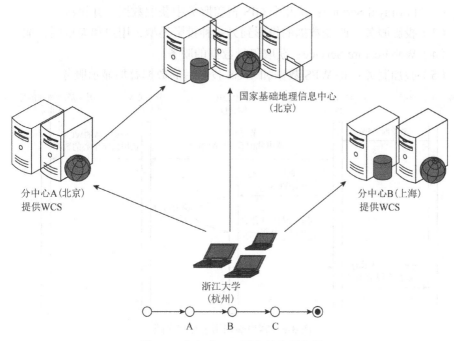

图 3-1    分布式 GIS 服务链应用实例

数据包括国家基础地理信息中心（北京）的全国 1 ：100 万影像地图；位于上海分中心 B 的浙江省 1 ：5 万影像地图；位于杭州的高速公路矢量地图。可供使用的 GIS 服务包括：分中心 A 提供的基于 1 ：100 万影像地图的 WCS；分中心 B 提供的基于 1 ：5 万影像地图的 WCS；浙江大学提供的基于高速公路数据的 WFS、栅矢叠加显示处理服务（WPS）。

图 3-2 为本实例的调用过程顺序图。

客户端应用首先激发位于浙江大学的服务链（客户端和服务链实际上部署在同一个地方）；服务链经过初始化后，在节点 a 处调用分中心 A 提供的 WCS，同时分中心 A 会自动连接到国家基础地理信息中心调用影像数据；然后执行节点 b，调用分中心 B 的 WCS，因为分中心 B 的数据存储在本中心，所以直接调用自身数据完成 WCS；在节点 c 处调用浙江大学本地的 WFS 矢量服务、栅矢叠加处理服务（WPS）；此时服务链执行完毕，返回叠加显示的数据结果和一幅地图给应用客户端。

图 3-1 所示实例的逻辑实现过程如图 3-3 所示。

在实现中使用了如下的服务。

（1）Web Coverage Service：GIS 覆盖应用服务，地球表层或地上地理现象多维覆盖应用服务类型（OpenGIS，1999），如影像相关服务等。

（2）Portrayal Service：从几个 GIS 覆盖服务中获取数据，并拼接。

（3）投影服务：改变数据的投影到另一种投影类型，用户和矢量层叠加。

（4）Web Feature Service：获取矢量数据的服务。

（5）叠加服务：将 WFS 数据和 WCS 投影后的数据叠加显示服务。

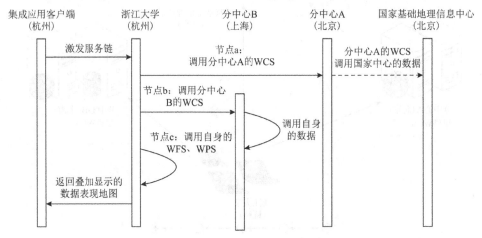

图 3-2　客户端调用过程顺序图

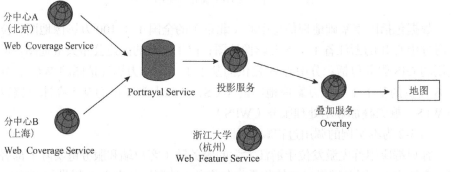

图 3-3　实例逻辑实现图

## 3.1.2　GIS 服务链应用模型

图 3-4 列出了 GIS 服务链多层结构应用模型。该模型共分为五层结构：表现层、Web 应用逻辑层、应用集成层、服务层、数据层。

表现层体现客户端的各种应用环境，如移动客户端、浏览器客户端、分布式应用、PC 客户端等。具体的应用逻辑表现形式是通过 Web 应用逻辑层实现的，包括页面层等。应用集成层是 GIS 服务链应用模型的核心，在本层通过服务的查找、发现，在注册中心找到应用所需的服务（不仅仅是 GIS 服务，还包括部分非 GIS 服务），根据业务逻辑将服务集成，形成 GIS 服务链。服务层包含 GIS 服务

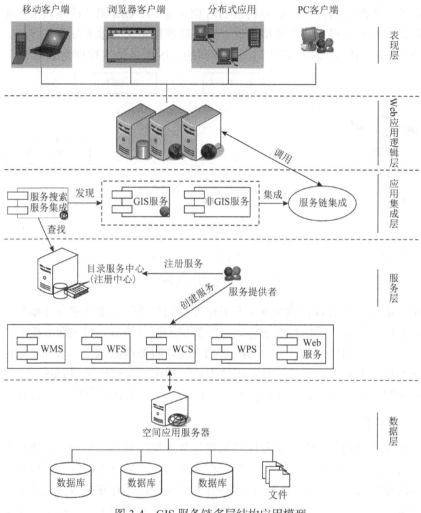

图 3-4　GIS 服务链多层结构应用模型

链系统中所有服务的集合及服务注册中心。数据层包含数据库和文件格式数据。

　　GIS 开发者或者高级客户端用户，一旦在 GIS 服务部署后，就可以构建 GIS 服务链并创建应用客户端。客户端的应用环境灵活多样，如瘦客户端（Web 浏览器）、移动客户端（PDA、便携式电脑）、胖客户端（个人计算机用户）。一个典型的 GIS 服务链应用程序一般需要组合多个 GIS 服务和非 GIS 服务（Alameh，2003）。

## 3.2　GIS 服务链实现模型

　　GIS 服务链系统架构模式是以问题、任务为目标，以 GIS 服务为核心的模式。

按照业务逻辑模型组合 GIS 服务构建 GIS 服务链。以 GIS 服务链模式架构系统一般经过以下五个过程：业务模型抽象、服务链逻辑定义、服务发现与评价、服务链构建、服务链执行/监控。基于以上五步骤的 GIS 服务链实现模型如图 3-5 所示。

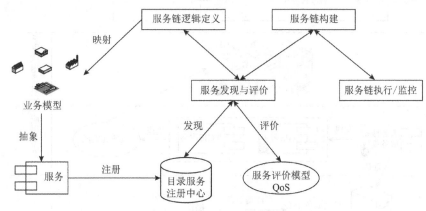

图 3-5　GIS 服务链实现模型

　　GIS 服务开发者首先抽象现实业务模型，划分系统功能及服务详细分类，定义服务接口，形成一系列 GIS 服务。开发完成的服务注册到目录服务中心，与此同时，开发者在抽象现实业务模型的基础上规划服务链的定义。根据规划的服务链定义在目录服务中心查找发现适用的服务，利用服务评价模型 QoS 评价服务。然后构建服务链模型，如工作流模型等。最后一个环节即服务链的执行和监控。

### 3.2.1　业务模型抽象

　　在服务链架构模式中，业务模型抽象是基于现实世界中的业务办理流程，抽象出符合计算机观点的业务模型，并根据具体问题，划分不同的功能模块，抽象形成 GIS 服务和普通 Web 服务。这些服务有的可能已经存在或者是已有服务的抽取、集成（可通过基于元数据的服务发现与评价过程获取），有的可能需要重新组织开发，从而满足解决具体问题需求。服务开发完成后，注册并发布到目录服务中心（注册中心），进行统一组织和管理。

### 3.2.2　服务链逻辑定义

　　基于业务模型抽象阶段形成的一系列服务，具体分析现实业务模型中的需求，进一步挖掘服务和服务之间的关系、服务和系统模块之间的关系。依据某种服务链描述语言表达各服务的属性、方法、服务之间的时态与非时态限制，以及服务之间的集成关系。主要的服务链描述语言有 BPEL、WSFL、XLANG、ebXML、WSCI、WSCL 等（唐大仕，2003；Belmabrouk et al.，2016），BPEL 目前应用比较广泛。

### 3.2.3　服务发现

服务发现是动态服务集成的基础（于海龙等，2006；Belmabrouk et al.，2016）。服务发现基于服务注册和服务注册中心，不同的服务注册中心，采用不同的通信协议，具有不同的注册方法。GIS 服务的注册和发现可以采用两种方式实现：一种是建立 GIS 服务专用的注册和目录服务中心，如 OGC 的 Web Category Service、Web Registry Service；一种是采用通用的 Web 服务注册中心，如 UDDI（贾文珏，2005）。这两种注册方式各有不容忽视的优缺点。GIS 专用服务注册中心充分考虑了空间数据的特点，采用了专用的通信协议和访问接口，能更好地支持 GIS 服务的注册和发现。但这种专用通信协议和访问接口，对通用 Web 服务的支持不好，与通用 Web 服务注册中心如 UDDI 等的兼容性不好，易造成信息的割裂和丢失。通用 Web 服务注册中心，如 UDDI 等，起初专为电子商务中 Web 服务的注册和发现而建立，对空间数据的支持不好。

OGC 为了实现 GIS 服务和通用服务注册的集成统一，启动了 UDDI 与 OGC 注册中心的集成实验（OpenGIS，2003b），具体实验方案有两种：一种是将 GIS 服务检索和 OGC 注册中心作为一个信息实体注册到 UDDI 中；另一种是直接将 OGC 注册中心的数据和服务注册到 UDDI。使用第一种方式，用户可以通过通用的 UDDI 注册中心发现 GIS 专用注册中心，然后利用该专业注册中心指定的协议和 API 访问及发现数据。使用第二种方式，用户可以通过统一的 UDDI 用户界面和查询 API 访问空间信息及非空间信息，有利于空间信息和非空间信息的无缝集成（贾文珏，2005）。

### 3.2.4　服务链构建

服务链构建的主要目的是确定服务链上各服务之间的相互关系、执行优先顺序、通信协议、操作的同步处理等。在分布式环境下，数据服务、空间信息处理服务、应用模型服务、模型处理服务及其他各类信息服务分布在不同的 GIS 服务节点上，这些服务必须通过远程调用的方式进行访问，而各类数据可以通过数据服务进行数据下载，作为副本存储在数据处理服务节点上，提高计算效率（于海龙等，2006）。

高效和扩展性是 GIS 服务链的追求目标。OGC 对服务链的分类根据之一透明性即与扩展性相关。OGC 规范中，根据服务对用户的可见性和用户对服务链的控制性、参与活动的多少，分为透明服务链、半透明服务链、聚集（不透明）服务链。

透明服务链具有最高的服务可见性和用户对服务链的控制性，但这种模式对于用户的知识和能力要求比较高，不仅要求用户非常熟悉业务模型，还要求其具有服务链知识。在服务链执行失败时能判断服务链异常原因，并能修改服务链。

这一模式不适合普通用户，而且业务流程和服务的执行紧密结合，不利于服务链的重用。聚集服务相对用户是一个整体，用户不了解内部组织和实现，屏蔽了服务的实现过程，服务链的灵活性和用户对它控制性较差。它的优点在于简单、工作量小，一般适合常用的、经典的应用模式。半透明服务链采用工作流技术实现，利用工作流技术对现实世界模型抽象建模，由工作流引擎控制服务链的执行和监控，实现了业务逻辑与应用逻辑分离，增加了建模的动态性和灵活性，能够有效控制工作流的执行和监控，是三种服务链类型中最适合普通用户需求和应用的类型。

半透明服务链打通了不透明服务链和透明服务链之间的壁垒，形成一种集合两者优点的应用模式。半透明服务链使用智能中介服务代替不透明服务链中的聚合服务，起到了网关的作用（Alameh，2003）。中介服务提供数据和处理功能的访问地址，而不具体处理某种服务。中介服务的概念来自数据库研究领域（Litwin et al.，1990）。数据库领域中的中介服务（也称为代理、分转器）（Wiederhold，1999）将多个数据库的查询语句动态转换为多个小的基于不同数据库的子查询，子查询返回查询结果并返回给客户端。相应的，在分布式 GIS 应用环境下，基于工作流技术动态构建服务链，利用服务链中的中介服务将 GIS 的应用任务映射到具体 GIS 服务。

### 3.2.5　服务链执行/监控

服务链执行是对服务链的激发与运行，包括服务动态访问与执行（集中控制与 Peer-to-Peer 两种模式）、服务间通信与协调、事务处理（服务执行跟踪、容错与恢复）、集成服务质量 QoS 评价、时间管理等内容，需要相关运行平台或环境支持（于海龙等，2006）。

服务链执行的监控和可追踪性是服务链性能的一个主要指标。如上文所述，基于工作流技术的半透明服务链模式，充分利用了工作流引擎实现服务和服务链的执行监控和追踪，提高了服务链应用性能。

## 3.3　GIS 服务链技术框架体系

服务链基于一系列行业标准协议和具有跨平台优势的技术。使用 Http、TCP/IP 等工业标准网络协议完成底层的信息传输；以 XML 作为数据表示和消息表达技术，通过 SOAP 协议在系统间交流信息；使用 WSDL 等技术描述和记录 GIS 服务元数据，并发布注册到行业通用注册中心，如 UDDI、WRS、WSC 等，为用户提供一个结构化的 Web 服务数据库，供用户选择；使用 WorkFlow 技术实现服务链执行的监控和追踪。这些技术构成了服务链的技术框架体系（图 3-6）。

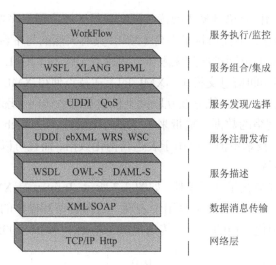

图 3-6　GIS 服务链技术框架体系

## 3.3.1　网络层

网络层是基于 Internet/Intranet 环境下的分布式应用的软硬件基础，也是 GIS 服务链应用框架中的底层基础。网络层一般支持不同的软硬件环境，为跨软硬件平台的系统应用提供介质和载体。以互操作和分布式集成为特征的 GIS 服务链以网络层的跨硬件为基础，凭借工业通用的网络层协议如 Http、TCP/IP 等实现不同软件模块间的通信。

网络层是 GIS 服务链为用户提供统一编程模型的基础。网络层协议的通用性和硬件的普遍性，使得网络开发技术的选择具有透明性。开发者可以根据应用程序的不同需求选择网络协议，包括安全性、可用性、性能及可靠性。

## 3.3.2　数据消息传输

XML 以其简单性、通用性，广泛应用于互操作和结构化信息描述领域，尤其是信息通信方面。在服务链模式中，就采用 XML 作为数据和消息交换的描述技术，充分利用 Http 与 XML 的灵活性和良好扩展性，通过 SOAP 协议实现异构体之间的信息和消息交流。

### 1. XML

扩展标记语言（XML）是世界万维网协会（World Wide Web Consortium，W3C）为适应网络发展而制定的用于描述复杂信息的结构化标记语言（Bray et al.，2004）。作为一种元语言，XML 被设计为描述数据的语言，将用户界面和结构化数据相分离，允许不同来源的数据无缝集成及对同一数据的多种处理。从数据描述语言的角度分析，XML 是灵活的、可扩展的，有良好的结构和约束。从数据处理的角度分析，XML 简单且易于阅读，同时又易于被应用程序处理。通过 XML 表达数据、传递消息，不仅跨越了平台（XML 具有天然的与平台无关性），还跨越了空间（Internet 的范围扩展到无限），更跨越了设备（XML 中数据与表现的分离实现了不同终端间信息交换）。XML 的上述特点使得 XML 能够规范化定义和描述复杂地学信息，并且能够在互联网上传输及有效访问（邬群勇，2006）。

XML 给基于网络的数据传输带来了更多的灵活性，是 Web 服务相关标准及消息的基础。XML 技术不但可以用于表达结构化数据，而且可以用于传输命令或者参数触发远程系统。

XML 的强大优势在于其简单性。如图 3-7 所示，InfoSet 是 XML 技术的基础；命名空间是其核心；在核心之上是用于表现、数据类型和操作的技术集合。它们一起为 Web 上结构化文档的无二义传送提供了基础（李伟，2005）。

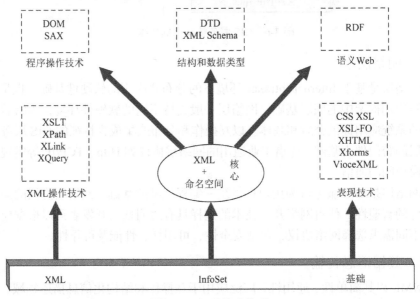

图 3-7　XML 技术体系

## 2. SOAP

SOAP 是以 XML 格式提供的一个简单、轻量级的用于分布环境中交换结构化信息和信息的传递机制。SOAP 主要是在分布的环境中提供了一个跨网络调用服务的框架结构，并提供了独立于编程语言和分布式对象底层基础结构的跨平台集成机制。SOAP 是一个远程过程调用（RPC）协议，使用标准的 Internet 协议传输。由于可以在 Http 上运行，这使得 SOAP 在穿越防火墙进行操作的方面优于 DCOM、RMI 和 IIOP，而在嵌入设备上实现 SOAP 也比开发一个 ORB 更简单（Snell，2001）。

1）SOAP 的组成

SOAP 包括三个部分（何江，2004）：SOAP 封装结构、编码规则、SOAP RPC 协定（图 3-8）。SOAP 封装结构定义了一个整体框架用于表示消息中包含什么内容，谁来处理这些内容，以及这些内容是可选的或是必需的；SOAP 编码规则定义了用于应用程序定义数据类型实例交换的一系列机制；SOAP RPC 协定定义了一个用于表示远程过程调用和应答的协定。

作为 SOAP 组成的三部分在功能上是相交的。封装和编码规则是在不同的名域中定义的，这种模块性的定义方法增加了简单性。在 SOAP 封装、SOAP 编码规则和 SOAP RPC 协定之外，SOAP 规范还定义了两个协议的绑定，描述了在有或没有 Http 扩展框架的情况下，SOAP 消息如何包含在 Http 消息中传送。

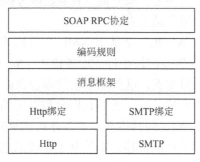

图 3-8　SOAP 架构

2）SOAP 消息

SOAP 消息是用 XML 编码的文档，由三个部分组成，如下。

（1）SOAP 封皮（SOAP envelope）：描述 SOAP 消息的 XML 文档的顶点元素。

（2）SOAP 消息头（SOAP header）：提供了一种灵活的机制对 SOAP 消息以分散的、模块化的方式进行扩充，而通信的各方（SOAP 发送者、SOAP 接收者及 SOAP 中介）不必预先知道。SOAP 消息头是可选的。

（3）SOAP 消息体（SOAP body）：定义了一种简单的机制用于交换发送给最终 SOAP 接收者的消息中的必要信息，是这些必要信息的容器。典型的应用是编组 RPC 调用和 SOAP 错误报告。

3）SOAP 消息交换模型

SOAP 消息是单方向的，从一个 SOAP 发送者（sender）到一个 SOAP 接收者（receiver）。但单独的消息通常可以被组合在一起形成其他消息机制。例如，SOAP 通过在 Http 请求中提供一个 SOAP 请求消息和在 Http 响应中提供一个 SOAP 响应消息实现 Http 的请求/响应消息模型。

SOAP 消息交换模型要求接收到一个 SOAP 消息的应用程序执行下列操作。

（1）识别 SOAP 消息中意图供给本应用的部分，本应用可以作为 SOAP 中介将消息的其他部分传递给另外的应用。

（2）检验 SOAP 消息中指定的所有必须处理的部分，并进行相应的处理。

（3）如果本应用不是 SOAP 消息的最终目的地，它应该在删除所有自己消耗的部分后将消息转发给消息要供给的下一个应用。

### 3.3.3 服务描述技术——WSDL

要实现 Web 服务体系结构的松散耦合，并减少服务提供者和服务请求者之间所需的共识程度和定制编程与集成工作量，服务描述是关键。服务描述实质上是使用一个 XML 格式的文档对服务及服务接口和服务数据相关信息进行描述，供用户查找、选择服务时作为参考。服务提供者通过服务描述将所有用于调用 Web 服务的信息按规范传送给服务请求者。

Web 服务描述语言（WSDL）是基于 XML 文件格式的服务描述标准。这是支持可互操作的 Web 服务所需的最小标准服务描述。WSDL 是一种 XML 文档，它将 Web 服务描述为一组端点，这些端点会处理包含面向文档或面向过程的信息。操作和消息都是被抽象描述的，然后它们会被绑定到一个具体的网络协议和消息格式，用于定义端点，相关的具体端点被合并到抽象的端点或服务中。WSDL 可以扩展为允许端点和其消息的描述，不管基于哪种消息格式或网络协议通信都可以。然而，目前经过描述的绑定只能用于 SOAP 1.1、Http POST 及多用途因特网邮件扩展（multipurpose internet mail extensions，MIME）（龚晓庆，2004）。WSDL 文档元素关系如图 3-9 所示。

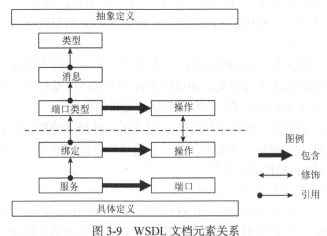

图 3-9 WSDL 文档元素关系

WSDL 定义了服务交互的接口和结构，但未指定业务环境、服务质量和服务之间的关系，因此，WSDL 文档需要由其他服务描述文档补充，从而描述 Web 服务更高级的信息。例如，描述业务环境除了使用 WSDL 文档，还要使用 UDDI 数据结构；Web 服务流程语言（WSFL）文档中则描述了服务组成和流程。

### 3.3.4　服务注册发布技术——UDDI

Web 服务的注册发布包括服务描述的生成和之后的发布，发布可以使用不同机制。任何能够让服务请求者使用 WSDL 文档的操作，不管它处于服务请求者生命周期的哪个阶段，都符合服务发布的标准。该层中最简单的示例就是服务提供者直接向服务请求者发送 WSDL 文档，这被称为直接发布。电子邮件是直接发布的载体之一。直接发布对静态绑定的应用程序来说很有用。另外，服务提供者还可以将描述服务的文档发布到主机本地 WSDL 注册中心、专用 UDDI 注册中心或 UDDI 运营商节点（龚晓庆，2004）。

通用描述、发现和集成协议 UDDI 是一套基于 Web 的、分布式的、为 Web 服务提供的信息注册中心的实现标准规范，同时也包含一组使企业能将自身的 Web 服务加以注册，以使得别的企业或个人能够发现的访问协议实现标准（柴晓路和阮文俊，2001；Bellwood，2002）。UDDI 是为了加速 Web 服务的推广，加强 Web 服务的互操作能力而推出的一个计划，其目的是建立一个全球性的、与平台无关的、开放式的架构，定义 Web 服务的发布与发现的方法，使得企业能发现彼此的服务（OASIS，2008）。UDDI 基于现成的标准，如 XML 和 SOAP，创建了一个平台独立、开放的框架，通过 Internet 描述服务、发现服务、整合服务。

UDDI 始于 2000 年，由 Ariba、IBM、Microsoft 和其他 33 家公司创立。UDDI 版本 1 规范于 2000 年 9 月发布，版本 2 于 2001 年 6 月发布，2002 年 7 月发布了版本 3。版本 1 奠定了注册中心的基础；版本 2 则添加了企业关系等功能；版本 3 解决正在进行的 Web 服务开发中的重要领域内的问题，如安全性、改善了的国际化、注册中心之间的互操作性及对 API 进行的各种改进，UDDI Version3.0.1 版本中主要提出了建立元服务（meta service）的概念（OASIS，2008）。

UDDI 的基本功能包括：发布、查找和绑定。发布功能使 Web 服务供应商可以注册自己的信息；查找功能使客户的应用程序可以查找到特定的 Web 服务；绑定功能负责应用程序和 Web 服务之间的连接和交互。

### 3.3.5　服务发现技术

Web 服务发现即从网络或者本地的目录服务中心获取满足应用需求的服务。用户需要从目录服务中心获取服务的描述信息，并与应用所需服务的要求相比较，然后确定最合适的服务。Web 服务的发现依赖于服务注册发布，发现的效率和性能取决于服务分类和服务描述的完备性和准确性。

Web 服务的获取过程可以使用不同的机制。与发布 Web 服务描述一样，根据服务描述如何被发布及 Web 服务应用程序可能达到的动态程度，获取 Web 服务描述也会有所不同。服务请求者将在应用程序生命周期的两个不同阶段，即设计时和运行时查找 Web 服务。设计时，服务请求者按照它们支持的接口类型搜索 Web 服务描述。运行时，服务请求者根据它们通信的方式或公告的服务质量搜索 Web 服务。使用直接发布方法时，服务请求者在设计时对服务描述进行高速缓存，以在运行时使用它。服务描述可以被静态地用程序逻辑表示，并存储在文件或简单的本地服务描述资源库中，也可以通过使用本地 WSDL 注册中心、专用 UDDI 注册中心或 UDDI 运营商节点在设计时或运行时发现服务（龚晓庆，2004）。Web 服务发现流程如图 3-10 所示。

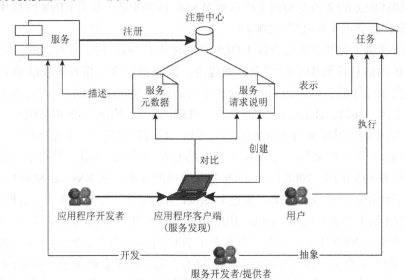

图 3-10  Web 服务发现流程图（Lemmens，2006）

但目前流行的注册中心或者目录服务大多基于电子商务发展而来，对 GIS 的支持不好，不能很好地表达 GIS 的空间信息和空间关系。因此，很多研究者和研究组织针对这一问题，对现有注册中心进行扩展。目前研究较多的是基于 UDDI 的扩展。

UDDI2.0 规范引入了已检验（checked）的分类架构外部命名空间的概念，使 UDDI 操作入口站点支持新的类别模式，并将其集成到 UDDI 注册中心。这一机制使得第三方的分类体系或标识系统的提供者能够扩展 UDDI 操作入口站点，集成第三方的分类标准，支持扩展的行业应用。利用这一特点，贾文珏（2005）提出并验证了分布式 GIS 服务分类法，扩展了 UDDI 对 GIS 的支持；龚小勇（2007）扩展 UDDI，对 Web 服务的每个 QoS 指标建立一个分类架构，使 UDDI 在不改变内部结构的前提下实现对 QoS 的支持，用于服务发现。

### 3.3.6　服务链可视化表达方法

服务链由服务和数据，以及服务之间的关系构成。"链"代表了服务之间的关系，链又分为数据链和控制链。数据链表示在服务链中的数据的流动；控制链表示数据和信息在服务链的服务之间的具体流向。因此，基于这种"链"状形象化描述的服务链可视化表达成为服务链应用中的关键技术。

目前，可视化的业务流程描述主要有两种方式：一种基于 Petri 网；一种基于有向非循环图（directed acyclic graph，DAG）（李红臣和史美林，2003）。

Petri 网是 Carl Adam Petri 在 1962 年提出的一种过程建模和分析的工具，它是一种图形化的描述过程的强有力的工具，具有坚实的数据基础，并且完全形式化（van der Aalst and van Hee，2004）。Petri 网分为两种：基本 Petri 网和高级 Petri 网。基本 Petri 网由四个基本元素组成：变迁、库所、标记和链接。用圆圈表示库所，矩形表示变迁，库所和变迁用有向弧链接。库所可以容纳标记（token），标记用来描述 Petri 网的状态和变迁的触发条件。Petri 网可以描述的任务之间的执行顺序包括：顺序执行、并行执行（AND-split，AND-join）、选择执行（OR-split，OR-join）和循环执行。高级 Petri 网是为了实现复杂应用建模而对基本 Petri 在颜色、时间或层次上的扩展。Petri 网中的所有元素都是图形化的，因此 Petri 网具有强大的描述能力，能够描述复杂的活动流程，但较多的可视化基本元素和基本结构使得学习使用 Petri 网可视化元素描述业务流程有一定的困难。另外，用于描述 Petri 网状态的标记随着 Petri 状态的变换而不断运动，这也为 Petri 网流程的分析造成了一定困难（贾文珏，2005）。

有向非循环图是一种相对简单的可视化流程描述方式，它由节点和节点之间的有向边组成，有向边表示节点执行的优先顺序，节点表示功能和服务。基于有向非循环图的描述方式更简单直观，易于普通用户使用。

Michal Kosiedowski 等在 GridLab 和 PROGRESS 项目中使用了有向非循环图描述网格服务的业务流程；Andrews Hoheisel 在对 Fraunhofer 资源网格（FhRG）的研究中提出了使用有向非循环图的网格服务业务流程描述和动态流程优化的方法（贾文珏，2005）。

### 3.3.7　服务链描述语言

目前，学术界和 IT 业界的研究群体提出了很多服务链描述语言。IBM 的 Web 服务流语言（WSFL）和微软的 XLANG 是两个最早的语言，用于定义 Web 服务组合的标准。它们都扩展了 W3C 的 WSDL。WSFL 是一种基于 XML 的语言，它描述了复杂的服务组合，既支持服务的静态配置，也支持在 Web 服务注册中心动态查找服务。微软的服务组合语言 XLANG 扩展了 WSDL 的行为标准，为服务组合提供了一个模型，但 XLANG 只支持动态服务组合。Web 服务商业过程执行语

言（BPEL4WS）是后来提出的一个标准，它综合了 WSFL 和 XLANG。BPEL4WS
试图把 WSFL 的有向图过程表述和 XLANG 的基于结构化构建的过程合并，构成
Web 服务的一个统一标准（高娟和姜利群，2006）。

**1. WSFL**

WSFL 是 IBM 制订用于描述 Web 服务流程的 XML 语言，其包括流程模型
（flow models）和总体模型（global models）。流程模型说明了如何使用网络服务
所提供的功能，并描述商业交易流程，而总体模型则详细说明所有交易伙伴的交
易情形，即网络服务如何与其他网络服务交互。

图 3-11 给出了流模型和全局模型的关系。在流模型中，活动的执行顺序由控
制链指定。全局模型描述了不同服务提供者提供的操作之间的关系。在全局模型
中，流模型被看成服务提供者。

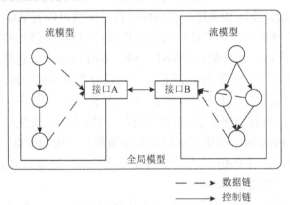

图 3-11　流模型和全局模型（高娟和姜利群，2006）

WSFL 的另一个特点是支持聚合服务的描述。WSFL 建模后的全局模型和流
模型可以看做是一个 Web 服务，能够被其他的商业过程调用。

**2. BPEL4WS**

BPEL4WS 是为 Web 服务而开发的 BPEL（商业处理执行语言），是一种在
分布计算或网格计算环境下，利用 Web 服务实现数据和信息共享的基于 XML 的
语言，又称作 BPEL 或 BPELWS。它是由 BEA 系统、IBM 和微软公司的开发人
员共同开发的，BPEL4WS 集成并替代了 IBM 的 Web 服务流语言（WSFL）和微
软的 XLANG 规范。

BPEL 可以用来描述可执行工作流（描述业务交互中参与者的实际行为）和
抽象流程（描述各方参与者对外可见的消息交换）。实际上，BPEL 的一个优点
在于它能够表示两种类型流程的能力，从而使得两种类型流程间的转换过程变得
容易。BPEL 对流程模型化方面的两个主要控制方法是分级控制和类图控制，前

者与结构化编程语言中的一样，而对于后者，其活动的执行主要受控于表明活动间显式依赖关系的链接。BPEL 支持这两种类型的控制方法，并允许在流程内交替使用（刘杨，2007）。

在 BPEL4WS 的元模型中，一个 BPEL 包含三个主要部分：活动（activities）、参与者（partners）和容器（containers）。活动包含一系列的组成元素，如<receive>、<invoke>、<replay>、<sequence>或<flow>等，用来描述流程中的交互关系。参与者包含调用该流程的服务及被该流程调用的服务。容器提供了一种机制用来存放业务流程中的状态消息。BPEL4WS 的元模型的主要类型和关系如图 3-12 所示。

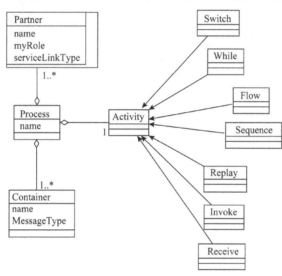

图 3-12　BPEL4WS 的元模型

BPEL 具有以下主要特性（刘杨，2007）：①以 Web Services/WSDL 作为组件模型；②以 XML 作为数据模型（数据松散耦合）；③同步和异步的消息交换模式；④确定的和不确定的流程协调；⑤分等级的异常管理；⑥长期变动的工作单元和补偿单元。

## 3.4　本 章 小 结

20 世纪末的十多年，在计算机界 Web 服务迅速发展，其技术逐渐成熟。Web 服务被引入 GIS 行业，GIS 技术发展到了 GIS 服务和 GIS 服务链阶段。GIS 服务链借助 GIS 服务的平台无关性、松散耦合等特性实现了分布式集成和异构互操作等 GIS 分布式应用难题。

本章以一个矢量-栅格叠加显示的分布式 GIS 应用为例，论述了分布式 GIS 服务链的应用模式。然后提出了 GIS 服务链实现模型及服务链应用系统实现的五个步骤：业务模型抽象、服务链定义、服务发现、服务链构建、服务链执行/监控，并对以上环节进行了论述。最后列出了 GIS 服务链实现的技术框架体系，并剖析、论述了各个技术的要点。本章 GIS 服务链技术的论述和实现模型的提出，为 GIS 服务链集成应用系统的实施奠定了技术基础。

# 第 4 章　基于工作流技术的 GIS 服务链

## 集成模型

英国拉夫堡大学 Weston 教授给集成下了一个很简单的定义：集成是将基于信息、技术的资源及应用（计算机硬件/软件、接口及机器）集聚成一个协同工作的整体，包括功能交互、信息共享、数据通信。集成的核心在于组成系统的各部分之间的有机结合，将分散的系统集成一个统一的整体，以取得协同效益（间国年等，2003）。

伴随社会发展进步，地理分布式的协作越来越多，分布式 GIS 应用逐渐成为主战场。与此同时，GIS 技术尤其是数据获取技术的快速发展，使得"数据海洋""数据仓库"等词语出现频率越来越高，应用分布式 GIS 技术解决海量分布式数据访问及应用的集成成为 GIS 研究的热点。传统的分布式 GIS 集成一般针对特定数据特定应用开发相应系统，这样的应用模式一方面不能适合业务的快速需求变化和数据的急剧膨胀，带来系统维护和系统性能方面的问题；另一方面，系统的开放性较差，与其他系统的数据和功能的互操作性差。

GIS 服务和 GIS 服务链技术能够满足用户需求的快速变化和开放性需求。GIS 服务链以通用协议和标准技术为基础，解决了异构系统和异质数据间的互操作、开放性等集成问题。GIS 服务链结合工作流技术实现了业务逻辑与应用逻辑的分离、服务链执行的追踪与监控。GIS 服务链技术是分布式 GIS 集成应用的趋势，非常具有发展潜力。

本章首先从集成应用视角区分工作流和 GIS 服务链两个概念；然后论述分布式 GIS 集成的研究现状和分布式对象技术；在比较分析目前流行的三种分布式对象技术的基础上，4.3 节提出了基于工作流的 GIS 服务链集成模型，本章后半部分就 GIS 服务链集成应用中的具体问题进行了探讨，包括两步式空间数据检索机制、大数据量影像数据处理算法设计、基于版本机制的协同编辑数据模型等。

## 4.1　工作流和 GIS 服务链

工作流技术起源于 20 世纪 70 年代中期办公自动化领域的研究工作（范玉顺，2001；柴晓路和梁宇齐，2003）。1993 年，由国际著名的公司、研究机构、高等院校成立了工作流管理联盟（WfMC），主要负责制定并发布工作流管理系统之间的标准和规范。WfMC 的成立是工作流技术发展的重要里程碑。

　　工作流技术是一种实现业务过程的分析、建模、优化、管理与集成，以及最终实现业务过程自动化的核心技术。它可以与其他应用系统有效结合，构建各种业务管理系统。但随着 Internet 技术的发展及其在企业中的应用，工作流技术不能及时适应业务的快速变化和缺乏互操作的缺点已不能满足现代企业业务流程管理的要求。而 Web 服务作为一种基于标准技术和协议的应用集成方式，具有松散耦合、动态性、高度可集成能力等优势，可以使应用程序在网络上进行无缝集成。因此，很多学者尝试将 Web 服务技术融入工作流技术用于解决以上问题，并做了很多研究。例如，韩宇星等（2007）提出的工作流技术与 Web 服务结合，体现了其在跨平台和边界问题处理方面的优势。

　　尽管这种结合与服务链非常相似，但两者还是存在很多差别。本节主要从分布式 GIS 集成的视角在研究目标、互操作实现技术、分布式处理能力三个方面，探讨工作流技术和服务链技术的区别。

## 4.1.1　研究目标

　　根据 WfMC 规范（WfMC，1999），工作流的定义如下：工作流是业务过程的部分或者全部自动化处理，在处理过程中，根据预先设定的操作逻辑，文档、信息、数据、任务等可以从一个参与者传递到另一个参与者，直到业务流程结束。

　　从定义中可以看出：工作流的定义重点是强调业务流程的自动化处理，以及数据、信息等按照业务规则在工作流参与者之间的流动。正是因为这种重在流程性表达的特性，工作流技术在工业、制造业得到了广泛应用，目前扩展到了具有流程化模型的各行各业，如政府审批办理行业。

　　W3C 提出的 Web 服务定义如下（W3C，2004）：Web 服务是设计用于网络上计算机间互操作的软件系统，它具有一个机器语言描述的接口（常用 WSDL 技术）。其他系统通过 SOAP 消息方式与 Web 服务交互，而 SOAP 通过 Http 协议由 XML 序列化实现与其他系统的联系。

　　ISO 和 OGC 对服务和服务链的定义如下（ISO19119 and OGC，2002）。

　　**服务**：由实体通过接口实现并提供外部使用的明确功能。

　　**服务链**：一组服务序列，对于每一相邻的一对服务而言，前一服务是后一服务发生的必要条件。

　　基于以上定义，作者扩充其在 GIS 领域中的应用，分别定义如下。

　　GIS 服务是具有以下功能的 Web 服务：①能够操作地球表面及地下相关 GIS 数据；②具有基于网络的互操作能力，能够操作多种 GIS 数据。

　　GIS 服务链：GIS 服务的序列。这一序列必须具备以下两个特点：①满足 OGC 提出的前后一对服务组的必要条件关系；②必须支持在此序列上 GIS 数据与 GIS

功能的流动。

从 GIS 服务和 GIS 服务链的字面含义，可以看到其处理的对象是 GIS 空间数据。从 W3C、ISO 和 OGC 对二者的定义分析得到：服务是偏重功能、行为的一种技术，面对不同数据提供统一的访问接口，解决应用中异构系统、异质数据之间的互操作性。而服务链是以某种特定模式组织而成的服务组合，用来解决更加复杂的任务。

综上所述，从工作流和服务链的基本概念得出结论：工作流侧重业务模型自动化过程的描述；服务链是侧重于提供统一接口的技术，重在实现系统间的互操作。但正如很多研究者所证实的：工作流可以作为服务链中业务流程表达的有效技术（龚晓庆，2004；刘书雷，2006；韩宇星等，2007）。本章即以工作流技术作为技术基础论述服务链的集成方法。

## 4.1.2　互操作实现技术

工作流参考模型如图 4-1 所示。

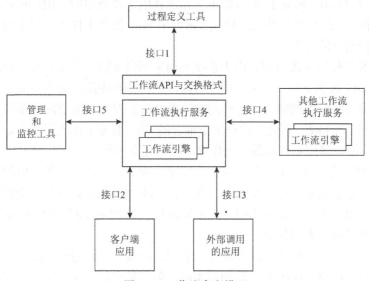

图 4-1　工作流参考模型

根据 WfMC 规范，工作流系统的互操作由一组 API 接口实现。图 4-1 所示的接口 4 即为互操作接口，用于描述不同工作流产品的互操作性。互操作有两个主要方面：①流程定义或子集的公共解释；②运行时对各种控制信息转换和在不同实施服务之间传递工作流相关数据及应用数据的支持。一个具有互操作的工作流引擎可以选择、实例化和执行其他工作流引擎所约定的流程定义（王利霞，2007）。

工作流互操作实现方式是有条件的互操作：相互集成的应用系统必须支持这

些接口才能实现互操作；对现有系统的兼容性不好，如果不对现有系统进行改造，很难实现互操作；不能很好适应业务需求变化，尤其是 GIS 领域应用和数据的多样化引起的复杂性业务变化。

GIS 服务链基于 Web 服务技术和通用的标准协议及 XML 中间数据文件格式。正是因为这种技术基础的通用性和标准性，实现了 GIS 服务链的互操作，不仅能实现通用数据的互操作，也实现了 GIS 数据和功能的互操作。良好的互操作性和实现的简易性使得 GIS 服务链成为 Internet 分布式应用的新技术，能够更广泛地跨 Intranet、跨平台进行信息的交互，为解决分布式 GIS 异构环境下的互操作提供了很好的方案。

### 4.1.3　分布式处理能力

目前主流的工作流系统多以组件架构方式存在，针对不同的应用开发不同的系统，数据和应用紧密耦合。虽然有研究者提出了基于 Web 服务的工作流技术，但大多以非 GIS 行业应用较多。例如，李强（2004）的《基于服务流的一站式电子政务平台的研究》研究了 Web 服务工作流在电子政务中的应用；黄才文（2005）的《基于服务流的公文流转系统研究》研究了 Web 服务工作流在多个政府部门之间基于文档的协同办公处理。

在 GIS 工作流应用方面，由于系统架构采用紧密耦合方式，在流程的每个阶段直接对 GIS 数据处理，GIS 数据在各阶段之间相互传递，导致由数据量大带来的传输处理效率较低的问题。这些问题的出现都是因为 GIS 空间数据的复杂性，尤其是空间分布特点。因此，这种紧密耦合的 Web 服务工作流模式在处理分布式 GIS 空间数据及异构系统间的互操作等方面都存在不足。

GIS 服务链是以松散结构为主的应用架构模式，支持系统各组成部分的松散式组装，能够适应业务的快速变化。当一个 Web 服务的实现发生变更的时候，对于调用者来说是不会感到变化的，只要 Web 服务的调用界面不变，Web 服务实现的任何变更对调用者都是透明的。

服务链上节点之间传输的是服务的引用，而服务是一组操作的接口。通过传递这种引用，可以避免由 GIS 空间数据的大数据量引起的性能和效率问题。

## 4.2　分布式 GIS 集成研究现状

GIS 的多学科背景，集合众多学科的优势，开拓了多学科的集成应用。同时 GIS 自身数据的空间分布特性，使得分布式 GIS，以及 GIS 与其他应用模型或者应用系统的集成成为研究热点。

按照集成环境不同，GIS 与应用模型集成可以分为两类：GIS 环境内部集成与 GIS 环境外部集成。GIS 环境内部集成指应用模型作为 GIS 应用系统的一个或多个模块，在 GIS 环境内完成集成，解决具体问题。GIS 环境外部集成指在应用系统中嵌入 GIS 的功能，如空间分析、数据管理、地图可视化等功能，并利用应用系统的应用模型计算功能，实现具体问题处理（于海龙等，2006）。本书研究侧重于 GIS 环境内集成。

## 4.2.1　分布式 GIS 集成方式发展

### 1. 面向信息的集成

早期的信息系统集成多以面向信息的集成为主。该模式通过提供一个高性能通用的应用程序公共信息交换平台，为各种应用系统提供与公共信息交换平台交互的接口，用于解决不同应用和系统之间接口级的转换及数据交换。但随着企业间系统数据的急剧增加，这种提供公共交换平台的机制已经暴露出不足，主要体现在面对众多平台和系统需要消耗大量资金、资源和时间。在面向信息的集成框架中，手工实现端到端系统集成是信息交换过程中所采用的流行方式（黄才文，2005）。开发者对源系统的数据和应用进行定制化处理，并将其转化为目标系统的数据格式，实现端到端的系统集成。这种解决方案提供给用户的是一组具有高度针对性与紧密耦合的功能程序性集合，由此可见，实现面向信息的系统集成会增添更多不可重用的程序代码。

GIS 早期应用系统一般是面向信息的集成方式，通过端对端的方式实现应用逻辑的处理和数据的访问。

### 2. 面向过程的集成

面向过程的集成模式以业务流程为核心，通过业务过程和其他应用软件系统的绑定，实现高度自动化的业务过程和业务整合，也可以面向跨机构供应链，实现机构间业务过程的共享。该模式的特点在于利用预先提供的适配器来捕获企业框架应用的专用数据格式，并通过业务过程中间件平台所提供的映射、转换与传输机制在应用程序端点之间实现数据交换。业务过程中间件平台同时还能提供针对事务交换、事件监控、错误捕捉及安全特性的支持机制。尽管此类平台避免了大量程序编码工作，然而，它并非适用于所有情况，因为其造价昂贵、结构复杂且缺乏通用性。与端到端的集成方式相类似，这种平台需要凭借高度专用化资源发挥其所具备的潜在效率。此外，其所创建的集成接口同样具有紧密相关性，它是将信息与内部工作机制绑定在一起、从而传递相互依赖的封闭体系结构的另一种表现形式。

政府各审批部门内的 IT 构架常常是在面向过程的总体建设原则下建设，有可能用地许可证审批、规划许可证审批、建设施工许可证审批、项目竣工质检等部门 IT 系统的业务处理过程都是各自根据自己的实际情况构建的基于过程的系统。在项目的审批过程中，因为客户并不只是与政府的某一个部门打交道，而是与相关联的各个部门依次进行交流，于是必然带来沟通的需要。按照这种面向过程的思想，实现这一点必须要构建结构更复杂、紧耦合的专用中间件完成跨部门的审批过程，这是低效的。

组件/中间件是这一时期应用较多的技术。在 GIS 行业中出现了一波以 ESRI 公司的 MapObject、ArcObjects、ArcEngine 和 MapInfo 公司的 MapX 为代表的 GIS 组件潮流。利用这些组件实现了面向过程的应用集成，而且以成熟商业公司的组件为基础，在降低工作难度和减少工作量的基础上，为用户的使用带来了便利。同时，以类似 ESRI 公司的 ArcSDE 产品为代表的中间件技术也实现了多种空间数据格式的访问和操作。

**3. 面向服务的集成**

面向服务集成模型主要是通过互操作框架、事务、分布式对象机制，实现各种应用服务共享。目前的主要方向是通过 Web Service 机制实现企业内外应用集成业务。

面向服务的体系结构（SOA）是一种应用程序体系构架。在这种体系结构中，所有功能都定义为带有定义明确的可调用接口的独立服务，以定义好的顺序调用这些服务实现业务流程。该模型的出现，使得应用程序的概念被重新定义。应用程序不再是一种非透明、程式化的实现机制，相反，它是一个由通信、路由、处理和转换事件构成的体系，可以处理各种文档公开声明的属性。工作流程、集成应用或者业务伙伴的交流都是 SOA 模型的特定类，仅通过有关参与者的特性、执行位置及参与者的特有安全需求区分。面向服务的集成在开发和应用方面有如下优势（黄才文，2005）。

（1）改善严重的低效开发现象，并且为实现有效的生命周期维护减少障碍。

（2）有利于在高度分散的基础上对组件实现灵活的"松散耦合"。

（3）允许在不影响流程的情况下添加、删除和重新配置任何流程操作。

（4）支持异步长事务处理，并且具有较高的伸缩性。

（5）为应用程序的良好管理和监视提供了保证，因为进程操作、组件和函数都是公开的，并且都能自我描述。

（6）应用程序组件和整个应用程序易于扩展。

（7）充分利用 Internet 网络基础设施和通用协议。

面向服务的集成对各种以处理过程为中心的需求提供一种易于访问的可行解决方案。面向服务的集成方式方便用户访问服务、集中进行数据格式转换映射，同时，也不再需要理解多种不同应用程序所使用的 API。这种模式，实现了信息从信息源的分离，并且可以在任何内部应用程序中交换，避免了硬编码接口。

GIS 行业应用中，面向服务的集成方式是一种较新的集成方式。在商业化方面，ESRI 已经推出了以服务为架构的 ArcGIS Server 产品，而中国超图公司也推出了 SuperMap 服务化版本。GIS 服务链即是一种面向服务的集成方式。

## 4.2.2　分布式 GIS 集成技术——分布式对象技术

在分布式技术领域，对象是一个封闭的由代码和数据组成的集合体，它只对自己的私有数据做严格规定，对象之间采用消息传递作为唯一的通信方式。不同对象可以对相同的指令自行做出相应的操作，使整个程序更易于控制（李伟，2005）。

分布式对象技术是在分布式环境下跨平台、跨语言的基于对象的分布式计算技术，它使得对象用户在使用对象时可以访问网络上任意有用的对象，且不必知道该对象所处的位置（Orfali and Harkey，2004）。分布式对象技术的主要思想是在分布式系统中引入一种分布的、可扩展的对象机制，并且把分布于网络上可用的所有资源看做是公共可存取的对象集合，使用不同的对象可以集合在一起。此外，对象客户能够通过定义对象模型上的接口访问分布式系统的其他可用对象。分布式对象间的访问机制可用图 4-2 表示。

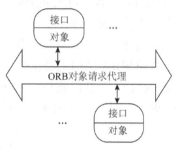

图 4-2　分布式对象访问机制

对象请求代理（object request broker，ORB）是对象实现互操作的核心机制，通过它实现分布式系统中资源的访问透明性和位置透明性。对象通过接口定义语言（interface definition language，IDL）定义对外可见的接口，并且实现接口和对象的分离。对象之间采用客户/服务器的通信模式，对象本身既可以做客户，也可以做服务器。

分布式对象技术的特点（李伟，2005）：①主要针对异构环境下的互操作问题（包括数据和功能两个方面）；②将客户/服务器模型与面向对象技术结合在一起；③提供面向对象的API；④已经成为建立集成框架和软件构件标准的核心技术。

目前，主要的分布式对象技术包括：对象管理组织（the object management group，OMG）的通用对象请求代理体系结构（common object request broker architecture，CORBA）、微软的分布式对象构件模型（distributed component object model，DCOM）、Sun 公司基于 Java 语言的 RMI 分布式对象技术和 EJB 技术。

### 1. CORBA 分布式对象技术

CORBA 是公共对象请求代理结构的缩写，是对象管理组织 OMG 在 1990 年定义的一组分布式对象标准结构，是一个透明的中介分布式对象标准，其目的是简化分布式对象应用系统的复杂性及减少需要花费的成本（Slama et al.，2001）。CORBA 使用面向对象的设计结构，允许软件对象在不同的操作系统平台和应用程序之间重复使用。

在 CORBA 结构中，所有的应用都封装成对象，对象的界面定义了对象提供的操作。CORBA 的核心部分是 ORB。ORB 是一个在对象间建立客户/服务器联系的中间件，其作用是将客户的请求发送给对象，并将任何回应返回至发出请求的客户，即 ORB 是客户访问对象时的中介机构。客户通过 ORB 可以调用服务器的对象或对象中的应用，被调用的对象不要求在同一台机器上，由 ORB 负责进行通信，同时 ORB 也负责寻找适于完成这一工作的对象，并在服务器对象完成后返回结果。客户对象完全可以不关心服务器对象的位置、实现它时采用的具体技术和工作的硬件平台，甚至不必关心服务器对象中与服务无关的接口信息，这就大大简化了客户程序的工作。

CORBA 结构主要包括：对象请求代理（ORB）、公共对象服务（common object services）、公共设施（common facilities）、应用对象（application objects）（OMG，1996）。其结构如图 4-3 所示。

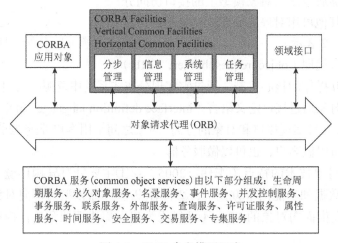

图 4-3　OMG 参考模型组成

CORBA 的优势是可提供大量的可以重用的服务。CORBA 服务是 CORBA 的核心内容之一。这些服务包括：①命名服务，提供从名字到对象引用的映射；②事件服务，提供一种松散的、异步的通信机制；③安全服务，提供整个应用服务器的安全机制；④事务服务，提供分布式对象事务处理；⑤分布式对象管理，提供一种手段来管理和控制各个分布式对象。这些服务是 ORB 提供的，用户在需要时进行调入。

CORBA 作为主流的分布式对象技术之一，近年来在分布式环境中的应用越来越广泛。目前在国内外，很多 GIS 科研工作者已经将 CORBA 分布式对象技术应用到分布式 GIS 的构建中，但大多数研究集中在 CORBA 在 WebGIS 中的应用，且局限在实验室阶段，真正基于 CORBA 的商业分布式 GIS 产品还不多见。出现这种情况的原因一方面是支持 CORBA 的开发工具相对较少，较大限制了基于 CORBA 的分布式 GIS 开发；另一方面，基于分布式对象技术的分布式 GIS 目前还有许多技术难题未得到较好的解决，这也是阻碍分布式 GIS 发展的重要因素之一。OGC 联合体提出 OpenGIS 简单要素规程 CORBA 规范——OpenGIS Simple Features Specification For CORBA Revision 1.0（OpenGIS，1998）。这一规范为基于 CORBA 的分布式 GIS 构建提供了很好的理论支持和实现思路。参照唐大仕等（2001）《基于 CORBA 组件技术的 GIS 系统》一文，作者用图 4-4 给出了简单要素规程 CORBA 规范在 CORBA 体系结构中的地位。

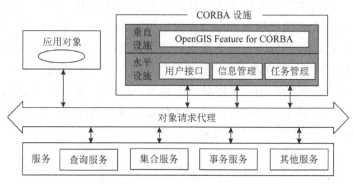

图 4-4　简单要素规程 CORBA 规范在 CORBA 体系结构的地位

## 2. COM/DCOM 分布式对象技术

组件对象模型（component object model，COM）是由微软公司开发的基于二进制标准与编程语言无关的一种组件对象模型，具有与编程语言无关、进程透明性、位置透明性和可重用的特点（Microsoft，1996）。1996 年 Microsoft 提出 DCOM 基于一个简单的思想：在 DCOM 协议的支持下，不同应用程序可以通过网络进行互操作。DCOM 是微软、DEC 等公司的分布式计算策略，是分布式的 COM，是 COM 的无缝扩展（潘爱民，1999）。这样人们可以在一个应用程序中（或 DLL 链接库）创建对象，而从驻留在另外一台机器上的程序中通过接口调用此对象的方法。正因为 COM 与 DCOM 有着如此密不可分的联系，COM 往往和 DCOM 同时出现。

与 COM 组件运行在单机上不同，DCOM 组件分布在网络上。在典型的基于

COM/DCOM 的分布式应用系统中，各个服务器上运行一些 DCOM 组件，这些 DCOM 组件包含着应用逻辑，是系统的关键组成部分。在微软 COM/DCOM 体系中，DCOM 组件同时也是 COM 组件，所以 DCOM 组件也具有 COM 组件的一些基本特征，包括可重用性、语言无关性等。除此之外，从分布式应用系统的角度来看 DCOM 组件还具有以下一些特性：①网络位置透明性，使组件间的调用关系和用 COM 时一致。通过网络协议实现进程的通信。②可伸缩性，DCOM 允许不同的组件对象运行在不同的服务器上，而不必考虑改变组件的源代码。③可配置性，DCOM 可以很方便地对分布式软件进行配置，包括服务器的变化、安全特性及协议的改变。④安全性，DCOM 配合 Windows 的安全机制，提供了访问安全性和激活安全性。

　　DCOM 是对 COM 的无缝扩展，它扩展了 COM 间原有的通信方式，提供了 COM 之间跨进程、跨网络的通信机制。COM 定义了组件和它们的客户之间互相作用的方式，使得组件和客户端无须任何中介组件就能相互联系。在现在的操作系统中，客户进程直接调用组件中的方法是相互屏蔽的。当一个客户进程需要和另一个进程中的组件通信时，它不能直接调用该进程，而需要遵循操作系统对进程间通信所做的规定。COM 使得这种通信能够以一种完全透明的方式进行，它截取从客户进程发送来的调用，并将其传送到另一进程中的组件。而对于 DCOM，当客户进程和组件位于不同的机器时，DCOM 用网络协议来代替本地进程之间的通信。DCOM 参考模型如图 4-5 所示。

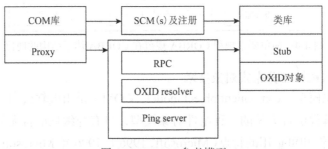

图 4-5　DCOM 参考模型

　　目前，在基于 COM/DCOM 的分布式 GIS 研究和应用中，基于 COM 技术的组件式 GIS 最为普遍，GIS 业界的主要 GIS 平台大多提供了基于组件技术的组件式 GIS，如 ESRI 的 MapObjects、ArcObjects、ArcEngine，MapInfo 公司的 MapX 等，这些基于组件技术的 GIS 软件已成为 GIS 应用软件开发的重要平台。由于基于分布式对象的分布式 GIS 开发的复杂性等，基于 DCOM 的分布式 GIS 应用平台目前较少。但目前基于 COM 技术的组件式 GIS 开发方法对基于 DCOM 的分布式 GIS 研究也提供了很好的借鉴作用。

1999 年，OGC 联合体发布了 OpenGIS 的简单要素规程 OLE/COM 规范——OpenGIS Simple Features Specification For OLE/COM Revision 1.1。该规范中，OGC 基于 OLE/COM 技术给出了数据访问模型、空间实体对象模型、空间参考系模型的描述，并对模型中的各种 COM 接口定义进行了描述。

### 3. Java 分布式对象技术

Java 分布式对象技术通常指 RMI 和 EJB。RMI 是 Java 的分布式对象标准，与传统 RPC 类似，允许 Java 的类之间进行通信，而这些类可以在不同的机器上。Java RMI 既是一个分布式对象的模型，也是一套 API，通过它可以很容易地建立起分布式系统，而且可以支持初级的分布对象互操作。RMI 参考模型及调用过程如图 4-6 和图 4-7 所示。

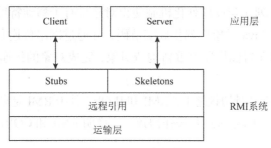

图 4-6　RMI 参考模型

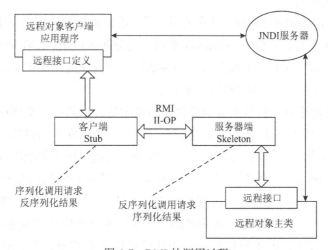

图 4-7　RMI 的调用过程

而 Sun 公司的 Java 平台，在其最早推出的时候，只提供了远程的方法调用，当时其并不能被称为分布式对象计算，只是属于网络计算里的一种，接着推出的 JavaBean，也还不足以和上述两大流派相抗衡，而目前的版本 J2EE，推出了 EJB，除了语言外还有组件的标准及组件之间协同工作通信的框架。EJB 基于 Java 服务器端组件模型，强调的是如何把业务逻辑代码包装成一个可以独立发布的组件，规定如何在应用服务器上部署组件等。EJB 框架提供了远程访问、安全、交易、持久和生命期管理等多种支持分布对象计算的服务（陈华斌，2005）。

RMI 具有以下几个方面特点（赵卓和赵欣，2006）。

（1）继承了面向对象技术的优点，接口与实现相分离，相同的接口具有不同的实现方式，增加了基于 RMI 的应用系统实现方式的灵活性。

（2）从程序结构和代码的角度分析，RMI 中代理结构的实现保持了远程对象与普通 Java 对象之间的一致性，使得 RMI 的学习和使用更加容易。

（3）RMI 的序列化与反序列化机制使得对象具有了移动特性，可以在需要的时候将一个运行时 Java 对象序列化成字节码，并通过网络传递到任何地方，再结合动态类加载技术在目标机器上重新构造对象，完成对象的传递。这是 RMI 独一无二的特征。

（4）同时运行在两种协议之上，RMI 和 II-OP，其中 RMI 是私有协议，而 II-OP 则是 CORBA 中定义的分布式互操作协议，这说明 RMI 和 CORBA 之间有良好的互操作性。

### 4. 三者的比较

CORBA 主要面向异构环境下分布式应用，适合企业级分布式应用开发；COM 面向 Windows 平台，适合于 Windows 平台上的分布式应用；EJB 是基于 CORBA 的技术规范，作为 J2EE 的服务器端构件结构，为商业应用提供全面、可重用、可移植的快速开发工具（陈华斌，2005）。

表 4-1 给出了这三种分布式对象技术方法的比较。其中，集成性主要反映在基础平台对应用程序互操作能力的支持上。它要求分布在不同机器平台和操作系统上、采用不同的语言或者开发工具生成的各类商业应用必须能集成在一起，构成一个统一的企业计算框架。这一集成框架必须建立在网络的基础之上，并且具备对遗留应用的集成能力。可用性要求所采用的软件构件技术必须是成熟的技术，相应的产品也必须是成熟的产品，在重要的企业应用中能够稳定、安全、可靠地运行。另外，由于数据库在企业计算中扮演着重要角色，软件构件技术应能与数据库技术紧密集成。可扩展性：集成框架必须是可扩展的，能够协调不同的设计模式和实现策略，可以根据企业计算的需求进行裁剪，并能迅速反应市场的变化和技术的发展趋势。通过保证当前应用的可重用性，最大限度地保护企业的投资。

表 4-1　三种分布式对象技术方法比较（陈华斌，2005）

| 特　征 | | CORBA | DCOM/COM | J2EE/EJB |
|---|---|---|---|---|
| 集成性 | 支持跨语言特性 | 好 | 好 | 一般 |
| | 支持跨平台特性 | 好 | 一般 | 好 |
| | 网络通信 | 好 | 一般 | 好 |
| | 公共服务控件 | 好 | 一般 | 好 |
| 可用性 | 事务处理 | 好 | 一般 | 一般 |
| | 消息服务 | 一般 | 一般 | 一般 |
| | 安全服务 | 好 | 一般 | 好 |
| | 目录服务 | 好 | 一般 | 一般 |
| | 容错性 | 一般 | 一般 | 一般 |
| | 产品成熟性 | 一般 | 一般 | 一般 |
| | 开发商支持度 | 一般 | 好 | 好 |
| 可扩展性 | | 好 | 一般 | 好 |

## 4.3　基于工作流的 GIS 服务链集成模型

用户需求的变化导致传统 GIS 系统不能满足目前的 GIS 应用。GIS 技术发展到 GIS 服务和 GIS 服务链阶段，为分布式 GIS 应用中的互操作性、开放性等集成问题提供了解决方案。GIS 服务链与工作流技术结合，实现了业务逻辑与应用逻辑的分离和服务链执行的追踪与监控。因此，基于工作流技术的 GIS 服务链是分布式 GIS 集成的较好解决方案。

### 4.3.1　分布式 GIS 服务链集成模型

分布式 GIS 服务链集成模型主要包括：服务提供者、服务注册中心、服务链建模工具、服务链引擎、工作流引擎、任务列表管理器和用户（图 4-8）。

用户是服务链系统的服务对象和 GIS 服务消费者，他们利用服务链提供的基本功能完成具体任务或者修改维护服务链以实现更高、更复杂的任务。用户分为两类：普通用户和系统管理员。普通用户一般为具体任务的执行者，他们使用服务链的频率最高。他们不需要太多的基础知识，只需要按照服务链中预先设定的流程执行任务即可。系统管理员是服务链的建立和维护者，对整个系统的配置具有最高权限。他们必须具有先备知识，包括业务知识和服务链知识，他们能够操作服务链更加底层的操作，当服务链执行失败时，他们能够修改服务链，保证服务链继续执行。

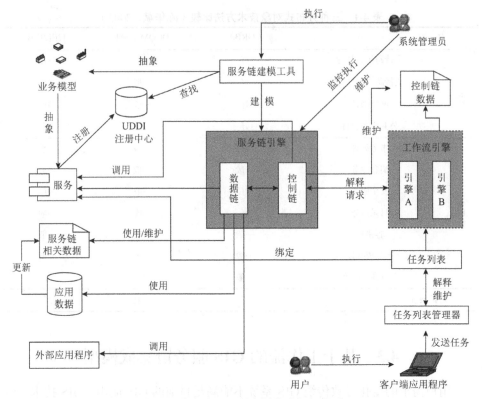

图 4-8　分布式 GIS 服务链集成框架体系

服务提供者根据现实世界业务模型抽象并开发、提供服务。服务提供者提供的服务一般分为功能服务和数据服务。服务屏蔽了异构系统和异质数据问题，对外提供统一的接口，实现了数据和功能的互操作。

服务注册中心提供服务注册、查找的一个服务集合。服务提供者提供的服务只有在服务中心注册后，建模工具才能发现并使用。现有的服务注册中心包括 UDDI、OGC 的 WRS 和 WSC 等。UDDI 不支持空间信息的注册，OGC 的 WRS 和 WSC 对通用 Web 服务的访问支持不好，目前，OGC 正在尝试实验结合 OGC 服务目录和 UDDI。

服务链建模工具是服务链的可视化建模，通过对业务模型的抽象，根据业务流程从 UDDI 服务注册中心选择适合的服务构建服务链的工具。建模工具不仅要将服务按照业务逻辑和流程建立服务链，同时还要设置服务链和服务链工作流引擎之间的关联及数据的配置等。

服务链工作流引擎与服务链中的控制链紧密相关，负责解释服务链中的流程信息并监控服务链的执行。

任务列表管理器负责用户端程序执行时产生的具体任务的管理，是与用户程序交互的最前端模块。

## 4.3.2　分布式 GIS 服务链集成主要研究内容

### 1. 服务链建模

服务链建模技术是服务链实现的关键,也是服务链的可视化模型的创建过程。服务链建模是根据业务模型和预先定义的流程规则建立控制信息和数据应用信息的相互交流关系的过程。目前常用的建模方法包括基于 XML 格式的服务链建模、基于数据库的服务链建模、基于 Petri 网的服务链建模(孙健和张鹏,2004;彭钰等,2006)。

### 2. 服务的注册、发现、组合

服务是服务链的技术基础,服务的注册、发现、组合是服务链的实现基础,GIS 服务注册与发现机制是 GIS 服务链组合的基础。服务是对外提供的具有统一访问方法的接口,因此描述服务信息成为服务应用的关键问题。服务注册的任务是把服务的相关信息加入服务注册中心,供用户查找发现。目前常用的 GIS 服务注册中心主要有面向电子商务的 UDDI、OGC 提供的 WRS 和 WSC 两种。前者面向电子商务的服务注册中心,对 Web 服务的支持比较好,但对 GIS 服务的查询、检索等不支持。后者是 OGC 提出的面向 GIS 应用的目录服务中心,具有专用的通信协议和访问方式,这些协议不具有通用性,普通 Web 服务应用受限。近年来,OGC 开始了 UDDI 和 OGC 注册中心的联合实验,试图将两者结合,提出了两种方案:一种是将 OGC 注册中心和 GIS 服务作为一条注册信息注册到 UDDI;另一种是扩展 UDDI 的分类方法,支持 GIS 服务。

服务注册时的分类和描述信息正是服务发现的基本条件,因此服务发现也是基于服务描述和服务分类的。

OGC 提出了服务的框架结构(OpenGIS,2003a),在此结构中将服务分为五类:描绘服务、数据服务、处理服务、注册服务和编码,如图 1-2 所示。

ISO 在 ISO19101 定义的地理信息扩展开放式系统环节模型的基础上,将服务分为六类(ISO19119 and OGC,2002),如图 4-9 所示。

人机交互服务:管理用户界面、图形、多媒体、综合文档表示的服务。

模型/信息管理服务:用于管理元数据、概念模式和数据集的开发、操纵、存储的服务。

工作流/任务管理服务:该服务用于支持具体的任务或与工作有关的活动。这些服务支持资源的使用和产品开发,可能包括由不同的人员完成的一系列活动或步骤。

处理服务:该服务用于完成涉及大量数据的大规模计算。处理服务不提供数据长期存储或在网络上的数据传输。

通信服务：在通信网络上对数据进行编码和传输的服务。

系统管理服务：对系统组件、应用程序和网络进行管理的服务，这里的服务还包括账号和用户访问权限管理。

```
─地理信息人机交互服务

─地理模型/信息管理服务

─地理工作流/任务管理服务

─地理信息处理服务

    ─地理信息处理服务——空间处理

    ─地理信息处理服务——专题处理

    ─地理信息处理服务——时间处理

    ─地理信息处理服务——元数据处理

─地理信息通信服务

─地理信息系统管理服务
```

图 4-9　ISO19119 地理信息服务分类体系（ISO19119 and OGC，2002）

ISO19119 提出的服务分类体系面向分布式 GIS 系统开发,从系统通信、管理、数据模型、处理功能、工作流、用户交换服务这六个层次进行划分，代表了系统从低到高的六个逻辑层次。在系统实现时，可以将这六个逻辑层次映射到若干物理层次，实现多层的分布式 GIS 系统开发。但是由于 GIS 服务与 GIS 系统的差异，ISO19119 中定义的服务分类不能很好地适应 GIS 服务分类体系。GIS 服务打破了系统的概念，它是能够通过网络访问的 GIS 功能组件，具有松耦合的特点，具有 GIS 服务动态灵活集成的能力。GIS 服务与 GIS 系统最主要的区别是 GIS 服务具有松散耦合性，具有自包含、自描述、模块化的特点，可以被独立访问；而 GIS 系统是一个相对完整的整体，服务（组件）之间具有一定的依赖性，由于组件划分过于详细，完成某个特定任务需要协同多个组件。GIS 服务负责提供与地理信息相关的服务，与系统管理功能无关，因此 GIS 服务的分类不必考虑系统管理和通信服务。贾文珏（2005）认为：分布式 G1S 服务可以分为描绘服务、数据服务、功能服务和注册服务四大类。描绘服务将地理信息进行可视化处理后，呈现给用户；数据服务通过服务接口向外提供空间数据；功能服务通过接口提供对地理信息的处理功能，实现信息的增值；注册服务用于注册和发现其他三类服务。

**3. 服务的评价和选择**

目前的业务模型多样化特征比较明显，即使在传统的政府行业部门，虽然多年来形成了一套相对固定的办公流程，但不同地区、不同行政级别的单位之间在应用时还是有区别。这些区别在服务链中主要体现在服务执行顺序、输入参数、服务实现原理等方面。同时，面对网络和众多开发商、开发平台提供的服务，用户结合现实应用选择合适的 GIS 服务成为服务链应用的关键问题。

作者认为，面对众多可选择的服务一方面可以借助本书提出的微链概念，将经典、常用的功能组装成微链；另一方面可以建立符合用户的 QoS 评价模型和评价指标辅助服务选择。微链的组织模式能够解决用户的多次重复选择所引起的错误和误差。用户多年经验积累形成的经验知识可以以微链的模式复用，提高服务链的性能。

将 GIS 与业务应用模型结合是 GIS 集成应用的必然趋势，可以结合应用模型的各项指标评价 GIS 服务的性能和可用性辅助 GIS 服务选择。目前，针对 GIS 服务的评价模型研究较少，但由于 GIS 服务与服务和工作流的技术相通性，一般借助服务和工作流的评价模型进行评价。工作流和服务评价模型的研究较多，如刘飚等（2005）对评价指标体系的研究；陈翔（2003）对基于广义随机 Petri 网的工作流性能分析研究；刘博和范玉顺（2008）针对基于服务的工作流提出的改进层次分析法的性能评价模型及对评价指标相关度的分析。

**4. 服务的动态组合**

服务组合是指基于服务，根据特定的业务目标，将多个已经存在的服务按照其功能、语义及它们之间的逻辑关系组装提供聚合功能的新服务的过程。

自动的服务发现、组合是动态 GIS 服务链集成的要求，但是现有的 GIS 服务链，无论是透明链、不透明链及半透明链都未能实现自动服务发现和组合，其主要原因是现有的 Web 服务技术框架缺乏语义的支持（贾文珏，2005）。一些学者对空间信息服务链的语义扩展做了一定研究。例如，Aditya 和 Lemmens（2003）对透明链中服务的描述做了语义的扩展，在用户查找服务时提供语义支持，使用户可以轻松判断服务接口是否匹配，是否可以组合。Bernard 等（2003）对基于工作流的半透明链做了探索性研究，指出了实现半自动和自动服务链需要研究的若干关键问题。

## 4.4　两步式空间数据检索机制

在 GIS 服务链中数据的存储和访问一般分布在不同的数据服务器中，除了这种逻辑上的分布式外，服务器的存放地址也可能分布在不同的空间地点。因此，在 GIS 服务链应用系统中带来了分布式数据寻址和访问问题。服务链系统要在正确的地点找到正确的数据。

元数据为此提供了解决方案。元数据作为描述数据信息的数据，为用户使用数据提供了检索信息。而在 GIS 行业应用中，因为 GIS 空间数据的空间、专题、时间等复杂特性，其元数据相对复杂，数据量较大，所以存在检索效率低、查准率低等问题。

本书提出了两步式数据检索机制。其核心思想是：借鉴"影像金字塔"思想，基于专家知识和用户经验将空间数据的元数据按照重要性分级。最重要的分为第一层，用于概略定位，其他的分为第二层，用于精确定位数据。通过两层元数据框架实现由粗到细的两步式数据检索机制。

两层元数据框架可以解决空间数据的元数据数据量大、难以集中存储的问题，同时能够通过两层结构实现两级查找，提高了检索效率（图 4-10）。

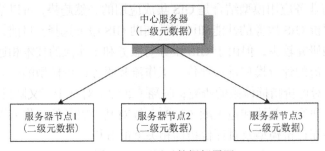

图 4-10　两层元数据部署图

图 4-10 以 3 个服务器节点，给出了两层元数据部署图。一级（层）元数据部署在中心服务器，二级（层）元数据分布在各个服务器节点上，用于描述本服务器节点所存储数据。服务链应用程序向中心服务器请求数据，根据存储在中心服务器上的一级元数据，定位数据所在服务器节点；第二步通过服务器节点上的二级元数据检索获得存储在服务器节点上的数据。作者参考现有元数据标准和前人研究成果（周文生，2002），给出了两层元数据的内容设计，如表 4-2～表 4-4 所示。

表 4-2　一级元数据内容

| 编号 | 元数据内容 |
| --- | --- |
| 1 | 一级元数据唯一标识 |
| 2 | 名称 |
| 3 | 数据类型（栅格/矢量） |
| 4 | 内容摘要 |
| 5 | 关键词 |
| 6 | 数据存储格式 |
| 7 | 成图日期 |

续表

| 编号 | 元数据内容 |
|:---:|:---:|
| 8 | 成图单位 |
| 9 | 空间参考 |
| 10 | 比例尺 |
| 11 | 地理范围 |
| 12 | 所在服务器的物理地址及服务器 ID |

**表 4-3　矢量数据的二级元数据内容**

| 编号 | 元数据内容 |
|:---:|:---:|
| 1 | 图层唯一标识符 |
| 2 | 图层名称 |
| 3 | 几何类型 |
| 4 | 内容摘要 |
| 5 | 关键词 |
| 6 | 所属一级索引 ID |
| 7 | 空间范围 |
| 8 | 数据所含层数（当为图层时，此值=0） |
| 9 | 图层最新更新日期 |
| 10 | 图层版本号 |

**表 4-4　栅格数据的二级元数据内容**

| 编号 | 元数据内容 |
|:---:|:---:|
| 1 | 图层唯一标识符 |
| 2 | 图层名称 |
| 3 | 关键词 |
| 4 | 内容摘要 |
| 5 | 行数 |
| 6 | 列数 |
| 7 | 左上角坐标，格式 $(x, y)$ |
| 8 | 分辨率 |
| 9 | 波段数 |
| 10 | 图层最新更新日期 |
| 11 | 图层版本号 |
| 12 | 数据成像相关参数（文本格式） |

## 4.5 大数据量影像数据处理算法设计

由于现有 Internet 网络带宽较小，GIS 服务链在分布式 GIS 应用中对海量数据的处理，尤其是海量影像数据的处理成了 GIS 服务链应用的瓶颈。虽然可以用 GIS 服务以接口的形式部分解决这个问题，但仍然存在一些应用无法解决。例如，在 A 地发布了一个影像数据处理服务，而所需处理数据位于千里之外的 B 地。此时仍需要基于网络传输数据实现影像分析和处理，存在处理效率低的问题（靖常峰等，2005）。

本节基于影像数据的结构化特点及"化整为零，分而治之"的思想提出了 GIS 服务链应用中大数据量影像数据高效处理算法。

### 4.5.1 大数据量影像数据"分块处理"思想

遥感影像数据量非常大通常称作海量数据，如仅福建省的 30 m × 30 m 分辨率的 24 位 bmp 格式的遥感影像就有 700 MB 之多，若为 1 m × 1 m 分辨率，数据量将是 630GB（杨超伟等，2000）。海量特性是遥感图像与常规图像的最基本区别，并因此导致了遥感图像处理系统与通用图像处理系统相比的复杂性。本系统设计中，利用了"化整为零，分而治之"的思想，对图像分块处理，采用先读取一块数据然后处理一块再保存一块数据的方法，实现大数据量遥感图像的处理分析。由此，避免了大数据量图像处理对内存的要求限制，节约了硬件的费用开支。海量数据处理技术流程如图 4-11 所示。

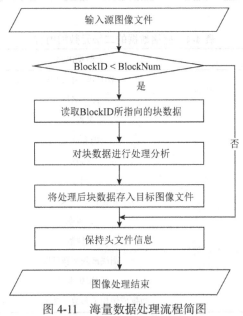

图 4-11　海量数据处理流程简图

## 4.5.2　以滤波处理为例窗口数据高效读取算法

滤波处理采用窗口平滑移动扫描像元的方法进行图像处理。如果窗口每次滑动都重新读取窗口覆盖的像元数据，每个像元就会重复读取多次，产生数据读取冗余低效问题。本书以减少像元重复读取次数为设计原则，采用窗口按行方向扫描，窗口数据按列存储，每滑动一个像元，添加一列新数据的方法，有效地提高了数据的读取效率。表 4-5 是代码改进前后数据读取效率的对照表。图 4-12 是窗口数据高效读取算法流程图。

**表 4-5　代码改进前后窗口数据读取效率对照表（数据类型为 Unsigned Char 型）**

| 窗口 | 数据 1 （591 行×591 列×7 波段） | | 数据 2 （1024 行×1024 列×6 波段） | |
| --- | --- | --- | --- | --- |
| | 修改前时间 | 修改后时间 | 修改前时间 | 修改后时间 |
| 3 × 3 | 17″ | 11″ | 41″ | 26″ |
| 5 × 5 | 38″ | 15″ | 93″ | 38″ |
| 7 × 7 | 66″ | 21″ | 168″ | 52″ |

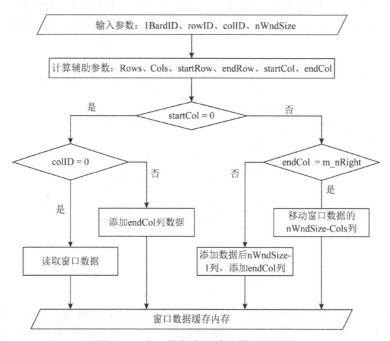

图 4-12　窗口数据高效读取算法流程图

# 4.6　基于版本机制的协同编辑数据模型

## 4.6.1　协同编辑的问题

随着 Internet 的发展，分布式环境下多人共同工作完成同一个任务的需求越来越多，由此产生了计算机支持下的协同工作，即 CSCW（computer-supported cooperative work）。GIS 服务链的分布式应用中存在分布式协同编辑问题，即多人在不同分布地点同时对同一空间目标（空间数据）的编辑（Jing et al.，2007）。

由于空间数据的时间特性，面向 GIS 行业的 CSCW 系统中对数据一致性的要求更加严格，不仅空间位置和空间属性要一致，而且数据的时间特性也要一致。因此，空间数据的协同编辑比文本数据协同编辑复杂。

**1. 一致性和协同编辑冲突问题**

协同编辑中允许多人对同一空间对象同时编辑，因此编辑操作执行顺序和操作目的不同，会引起数据的不一致和编辑冲突。一般存在以下三种情况。

1）操作不一致引起数据分歧

图 4-13 中，S0 表示数据中心服务器端，S1、S2、S3 是三个客户端。操作 O1 在 S1 端执行，操作 O2、O3 在 S2 端执行，操作 O4 在 S3 端执行；箭头线表示操作的执行方向；竖线表示操作在各节点随时间的执行顺序（Chen et al.，2001）。

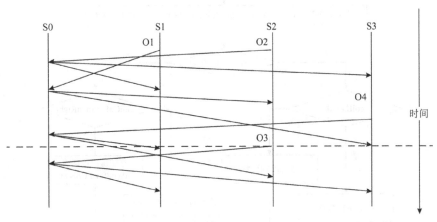

图 4-13　协同编辑执行实例

各站点的操作执行顺序不同，会引起数据状态不同（Sun and Chen，2002），可能会产生不同的执行结果。如图 4-13 所示，在 S1 处操作按照 O1—O2—O4—O3 顺序执行，而在 S2 处按 O2—O1—O3—O4 顺序，在 S3 处按照 O2—O4—O1—O3 顺序。

2）因果冲突

网络或其他原因导致不同客户端上操作开始或者执行后并未按照预设因果逻辑执行，从而导致用户应用上的因果冲突（Sun and Chen，2002），不同的操作可能导致相同的结果。如图 4-13 所示，操作 O1 和 O3 分别在 S3 和 S2 两个客户端经过不同的操作获得相同的处理结果。

3）执行目的冲突

在 GIS 协同编辑中，操作对应特定数据，但因为执行顺序的不同，可能在操作执行时获得的数据并非预期数据，所以操作执行后结果数据与预期目的可能不同，形成执行目的冲突。

例如，在 S0 数据服务器上有原始数据[如图 4-14（a）所示，由一条直线和弧线组成]；在 S1 客户端执行操作 O1[延长直线 10m，预期结果如图 4-14（b）所示]；在 S2 客户端执行操作 O2[将直线逆时针旋转 10°，图 4-14（c）]。O1 和 O2 分别在客户端 S1 和 S2 同时执行，但由于操作到达服务器 S0 先后顺序不同，存在两种情况：①O1 先到达。O1 对原数据延长 10m，达到预期效果，如图 4-14（b）所示。然后 O2 到达，此时 O2 操作所基于的数据不再是图 4-14（a）而是图 4-14（b），得到结果是图 4-14（d），而不是预期效果。②O2 先到达。O2 对原数据旋转 10°，达到预期效果，如图 4-14（c）所示。然后 O1 到达，此时 O1 操作的数据是 O2 处理后的结果，如图 4-14（c）所示，经过延长后得到的结果如图 4-14（d）所示，与预期不符。

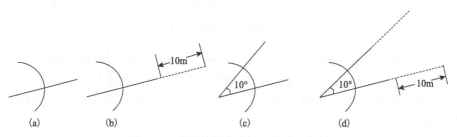

图 4-14　协同编辑中编辑目的冲突实例

**2. 实时响应时间和性能效率问题**

实时协同编辑系统的关键指标是用户能感受到的编辑响应时间，而不是系统的吞吐量。响应时间越短，客户端操作的延迟越少，越容易维护操作的一致性。尤其是在当前带宽较小的情况下，系统响应时间更是在设计和实现协同编辑系统时需要重点解决的问题。

**3. 空间数据可恢复性问题**

空间数据恢复是 GIS 应用中的研究热点。在协同编辑和 GIS 服务链应用中，因为分布式多人编辑容易造成数据损坏和丢失问题，所以数据可恢复性更是需要解决的问题。本书将空间数据可恢复性扩展到由于 GIS 服务链上数据审批未通过而需要的数据恢复。

**4. 无限制操作问题**

在多人协同编辑系统中，需要支持用户无限制的编辑共享数据。Grudin（1988）指出，目前很多协同编辑系统因为限制用户太多条件而无法很好地实现用户协同办公。

### 4.6.2　基于版本的 FGDB 协同编辑数据模型

基于以上对协同问题的讨论，提出基于版本机制的 FGDB 协同编辑数据模型（图 4-15）。FGDB 数据模型由三部分组成：服务器端、中间地图服务器端、客户端。

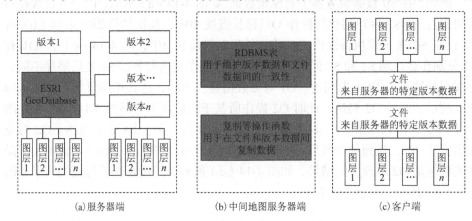

(a) 服务器端　　　　　　(b) 中间地图服务器端　　　　　　(c) 客户端

图 4-15　FGDB 数据模型框架结构

FGDB 数据模型以 ESRI 的 GeoDatabase 模型和文件复制功能为核心思想，在服务器端以 ESRI 的 GeoDatabase 数据模型为主，利用版本机制为客户端的请求生成多个数据版本。当用户提交执行结果时，负责用户提交版本数据和服务器数据的融合。

中间地图服务器端是联系客户端与服务器的中间纽带，其主要功能：①维护文件和版本数据的一致性；②在客户端、服务器间以文件复制的方式传送版本数据；③并行操作的串行化。

客户端以中间地图服务器发送的版本数据为编辑目标，实现数据的编辑。

FGDB 数据模型中，在客户端和服务器端分别产生一份相同的数据，即从服务器生成的版本数据。用户的编辑即基于本机的数据，因此用户能够任意编辑本机数据，避免了客户端产生数据不一致的问题，并且能获得非常高的系统响应速度。在服务器端数据提交时，检测提交版本数据与服务器数据的不一致性，由用户手工判断数据的取舍。

### 4.6.3 FGDB 数据模型工作过程

图 4-16 为 FGDB 数据模型的工作过程示意图。各步骤含义如下：①客户端向 MapServer 发送编辑请求。②MapServer 转送用户请求到服务器端。③根据来自 MapServer 的客户请求，服务器端查找是否存在符合需求的版本数据，如果没有，则生成版本数据，并以文件方式发送给 MapServer。④MapServer 转发服务器端的版本数据给客户端用户。⑤客户端以版本数据为编辑数据源进行编辑，当编辑完成后，将编辑后版本数据回传给 MapServer。⑥MapServer 转送数据到服务器。⑦服务器端检查接收到的数据和服务器数据是否存在编辑冲突，如有，则提示用户存在冲突，由用户判断如何取舍；如没有则执行步骤⑧。⑧服务器合并编辑后的版本数据，完成协同编辑。

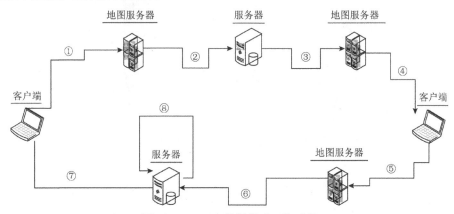

图 4-16　FGDB 数据模型工作过程

## 4.7　本 章 小 结

本章主题是论述基于工作流技术的分布式 GIS 服务链的集成模型，因此 4.1 节从工作流和 GIS 服务链的关系及区别的论述开始，对其研究目标、互操作技术、分布式处理能力等分别进行了论述；4.2 节从集成模型和集成技术方面探讨了分布式 GIS 集成研究现状；基于前两节的论述，4.3 节提出了基于工作流的 GIS 服务链集成模型并探讨了其研究内容；4.4 节针对空间数据元数据数据量大、检索效率低等问题，提出了两步式空间数据检索机制和两层元数据框架结构，并参考现有元数据标准和前人的研究成果，设计了栅格和矢量数据的两层元数据内容，为服务链集成中的数据查找和访问提供了支持；4.5 节针对 GIS 服务链应用中的大数据量问题，提出了数据"分块切片"思想，提高了分布式大数据量处理效率；4.6 节探讨分布式环境下的协同编辑问题，提出了基于版本机制的 FGDB 数据模型用于空间数据分布式协同编辑。

　　本章内容为分布式 GIS 系统集成提供了一种新的思路——服务链集成模式，并在实施方面给出了框架集成模型，就应用中存在的数据检索慢、数据处理效率低、协同编辑等问题进行了探讨，提出了作者的解决方案，具有一定的现实指导意义。

# 第 5 章　基于工作流和扩展 ECA 规则的

# GIS 服务链建模

GIS 服务链建模有很多种方法，如基于 Petri 网建模、UML 活动图建模等。但这些建模方法都需要较多的知识积累，对于用户比较复杂（Chen et al., 2006）。本章提出了基于关系数据库和 ECA 规则的建模方式。ECA 建模方法用户容易理解，能够表达复杂的业务逻辑，适合图形可视化建模（Chen et al., 2006）。

本章从模型实现的角度，在分析论述目前常用的建模技术基础上，提出了基于关系数据库和 ECA 规则的服务链建模方法。充分利用了关系数据库在数据一致性、事务管理、开放性等方面的特点，降低了开发工作量和难度。

## 5.1　建模要素及关系

服务链是根据业务模型由一系列服务按照一定的逻辑关系组成的，其基本构成元素包括节点、控制链、数据链、人员、数据五类。服务链建模就是将这一系列的节点、数据、节点之间的控制关系按照预先设定的顺序定义，并对相应的节点设置激活条件、时间限制、相关数据、参与人员等信息。

服务链建模的基本要素相互之间的关系如图 5-1 所示。

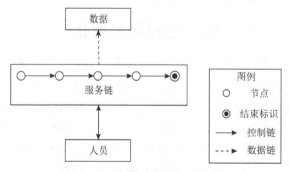

图 5-1　建模要素之间的关系

人员作为服务链系统的参与者，也是整个系统的驱动者。人员直接与服务链交互，通过控制链和数据链交互，数据和业务流程逐节点流动直到服务链结束。

人员：在服务链系统中，人员是服务链的管理者和执行者，负责服务链的构建、维护和执行工作。人员包括管理员和普通用户，管理员负责服务链的创建维护，普通用户是具体任务的执行者和服务链的使用者。要求管理员必须具有较好的业务知识和服务链相关知识，能够实现系统的维护。

节点：节点是服务链的最小构成单元之一。在前面的论述中曾经讲到服务链可以看作有向图，此处节点的概念即引自有向图。在服务链模型中，节点代表原子服务或者聚合服务，是提供给用户的一组数据接口和功能接口。

控制链：如图 5-1 实线箭头线所示。控制链是表示服务链流程中信息流动和控制的方式。通过控制链将节点相互连接，使得行为相互贯通。

数据链：如图 5-1 虚线箭头线所示。数据链是服务链流程中的一个分类，表示数据在服务链中的流向，即用来控制业务流程中数据流的机制。尽管多数情况下控制链的流转会带来数据链的变迁，但两者并不总是一起流动的，还是有所不同。

数据：服务链中的数据可以分为业务数据、控制链数据、服务链相关数据三类。

（1）业务数据。业务数据是现实业务模型办公中所需要的数据，因此业务数据随服务链应用范围的不同而变化。因为本书讨论 GIS 服务链的应用，所以在本书中，业务数据除了包括通用信息系统业务数据外，还包括 GIS 空间数据。

（2）控制链数据。控制链数据是服务链的主要数据类型，包含服务链上节点和流向的相关数据。控制链数据由服务链引擎和工作流引擎共同维护管理。

（3）服务链相关数据。服务链相关数据是服务链的辅助应用数据，如节点办理人、节点属性、决定流程走向的数据等。在本书的实验系统中，业务接件办理中用户上报的红线图等数据即称作服务链相关数据。其中，红线图的有无是决定流程是否流向下一个阶段的必要条件之一。

## 5.2　建模研究现状

现实生活中流程性的事务处理，如工业产品的生产、房地产商建设审批等，与 GIS 的结合表现在两方面：一方面是在行业集成应用中的工作流需要 GIS 技术的支持；另一方面是 GIS 的复杂功能可以通过这种流程化方式集成简单功能实现，如 GIS 的栅格矢量叠置分析功能，可以集成 OGC 的 WMS、WCS、WFS 等几种服务实现。因此，作者在前人研究的基础上结合 GIS 与工作流，提出了 GIS 服务链的概念，本书提到的 GIS 服务链包含上述两方面的内容。

目前，针对 GIS 服务链的建模研究较少，但基于工作流与 GIS 服务链的技术相通性，可以借鉴工作流的建模思想和方法。

工作流模型是对业务流程的抽象描述。在工作流管理系统中，工作流建模就是利用某种建模方法和建模工具，完成实际的业务流程到工作流引擎可处理的形式化定义的转化，即业务流程定义。工作流建模生成业务流程的规格化定义，描述业务流程的功能和执行过程，明确业务任务和活动的关系，分配执行时需要的资源。在流程建模方面，国内外许多学者提出了相应的理论：李峰等（2000）提出基于卡片的工作流模型；岳晓丽等（2000）借鉴 Petri 网的一些思想提出基于信牌的工作流计算模型；曹化工和杨曼红（2001）提出了基于对象 Petri 网（object Petri net，OPN）及基于 OPN 的文本描述语言 LOOPN++工作流过程定义接口标准；Kacmar 等（1998）给出了一种活动树（activity tree）的模型，它是以一个树状结构来表达工作流过程的。从根节点开始，过程被逐层地分解为由各级子节点所代表的活动，而活动间的执行顺序则是由左至右逐个分支地进行。Geppert 等（1998）提出了 Broker/Services 模型即代理/服务模型，它定义了较为精确和严格的形式化语义，用代理来表示工作流执行过程中的处理实体，用服务来表示所要执行的活动。

目前常见的建模方法主要有：基于 Petri 网的建模方法、基于活动网络图的建模方法、基于统一建模语言（universal modeling language，UML）的建模方法（Wasim and Orlowska，1997；van der Aalst et al.，2000）。

## 5.2.1　基于 Petri 网的建模方法

Petri 网的概念是在 1962 年由 Carl Adam Petri 提出的一种对信息系统处理过程进行描述和建模的通用数据模型（林闯，2001），用于描述具有分布、并发、异步特征的离散事件动态系统。经过 50 多年的发展，Petri 网已被广泛应用于各个领域系统建模、分析和控制的工具和模型中。

Petri 网是由节点和弧组成的有向图。它的结构元素包括位置或者库所（place）、变迁（transition）和弧（arc）。位置用于描述系统的状态；变迁用于描述引起系统状态变化的事件；弧用于描述状态和变迁之间的关系。Petri 网中另一重要元素是令牌（token），代表系统具有的特点、资源。令牌在位置中的分布称为标识。

Petri 网是一种适用于多种系统的图形化、数学化建模工具，为描述和研究具有并行、异步、分布式和随机性等特征的复杂系统提供了强有力的手段。作为一种图形化工具，可以把 Petri 网看作与数据流图和网络相似的通信辅助方法；作为一种数学化工具，它可以用来建立状态方程、代数方程和其他描述系统行为的数学模型（景玉钢，2007）。Petri 网作为图形和数学融合的模型工具的两个显著的特点（杜启军和肖创柏，2007）如下。

第一，作为图形工具，Petri 网具有类似流程图、逻辑图和网络图直观、易懂和易用的优点，并且可以通过标记（令牌）的流动模拟实际系统的动态行为和状态变化，从而形象化地描述和分析系统的资源并发、同异步、并行、冲突分布等行为特征。

　　第二，Petri 网又有严格而准确的数学描述，可以通过建立状态方程、代数方程和其他数学方法来描述系统的行为，得到 Petri 网的分析方法和技术，可以对 Petri 网进行静态的结构分析和动态的行为分析，能与随机过程论、信息论、排队论等结合在一起描述和分析系统的不确定性或随机性（万和平，2005）。

　　Petri 网与其他建模方法相比有如下优势（Sivaraman and Kamath，2002；万程鹏，2007）。

　　（1）Petri 网兼顾了严格语义与图形语言两个方面。基于 Petri 网表示的工作流过程具有十分清晰与严格的定义。同时，Petri 网具有足够丰富的表达能力。许多流程利用传统的建模方法来定义是困难的，即使能够表示出这样的流程，但在清晰度与准确性等要求上也无法与基于 Petri 网的模型相比。

　　（2）不同于传统的建模方法，Petri 网是一种基于状态的建模方法。它明确定义了模型元素的状态，而且它的演进过程也是受状态驱动的。使用基于状态的建模方法进行工作流过程定义在以下几个方面要优于基于事件的过程定义：①基于状态的过程定义严格地区分了活动的能用性与活动的执行；②基于状态的过程定义具有更丰富的表达能力；③基于状态的过程定义具有更多的柔性特征。

　　（3）Petri 网具有强有力的分析技术与手段。经过多年的发展，Petri 网拥有了多种可以利用的分析技术，这些技术可以用来分析模型的各种特性，如有界性、活性、不变量等，也可以用来计算模型的各种性能指标，如响应时间、等待时间、占有率等。

## 5.2.2　基于活动网络图的建模方法

　　活动网络图是用一个无自环的有向图表达一个完整的业务过程。有向图中的节点元素表示可执行的步骤或任务，节点间的连接弧代表了过程中的控制流和数据流。组成模型的元素包括过程（process）、活动（activity）、模块（block）、控制连接弧（control connector）、数据连接弧（data connector）和条件（condition）（张雷等，2008）。

　　基于活动网络图的建模方法，流程简单直观，但建模过程复杂，功能较弱，对循环的支持不好，对于模型的分析和评价没有数学描述。

　　吴鹏等（2007）针对活动网络图建模复杂且构建的模型通用性差等缺点，提出基于约束有向图的建模方法，通过对有向图的节点和连接弧的约束解决有向图在过程建模时描述能力不足的问题。对于图形化的工作流模型，通过定义相应映射，实现图形化工作流模型到基于 XML 描述的工作流模型的转换，从而提高模型的复用性。

　　IBM 公司在 20 世纪 90 年代中期推出了基于活动网络图的工作流产品 FlowMark，其目标是实现企业的文档路由和过程自动化，这也是传统工作流产品的特点（景玉钢，2007）。

　　基于活动网络图的建模方法，流程简单直观，但建模过程复杂，功能较弱，对循环的支持不好，对于模型的分析和评价没有数学描述。对于计算机专业人员来讲，含义清晰简单、直观、便于理解，并能够通过多种条件判断元素和嵌套于活动的过程表达具有复杂层次的业务过程，从而在模型的元素集合控制和表达能力上取得了较好的平衡。但对于普通用户来讲，难以用它对自己的业务流程建立模型。而且过多连续的判断使它必须在建模初期明确判断量的定义，它只适合于流程较为固定、异常情况较少的工作流建立，所以这类模型往往缺乏柔性，对紧急情况的应变能力不足，显得比较死板。这种建模方法仅适用于以文档传递为主的办公流程中（景玉钢，2007）。

## 5.2.3　基于 UML 活动图的建模方法

　　统一建模语言（UML）是对象管理组织于 1997 年 11 月被采纳作为基于面向对象技术的标准建模语言。UML 为面向对象的开发提供了统一的模型描述语言，为软件开发商和用户带来了诸多便利。UML 的简单易用、表达能力强、跨平台跨技术等特点使得其应用越来越广泛。

　　UML 活动图实质上是一种流程图，表现的是从活动到活动的控制流，它描述活动序列，特别适合于工作流和并发的处理行为。UML 活动图依据对象状态的变化来捕获动作（将要执行的工作或活动）与动作的结果。在图中一个活动结束后将立即进入下一个活动。UML 活动图的应用非常广泛，它既可用于描述操作的行为，也可以用来描述用例和对象内部的工作流程（Pender，2004）。这点与工作流过程关系紧密。

　　UML 活动图主要包含下列基本元素（Rumbaugh et al.，1999；景玉钢，2007）。

　　（1）活动。活动是执行某项任务的状态，这点与工作流中的活动意义相同。活动在 UML 中表示时有两种状态——动作状态和活动状态（图 5-2）。

图 5-2　UML 活动图中基本元素

　　动作状态：表达原子的或不可中断的动作或操作的执行。当它们处于执行状态时不允许发生转换。动作状态通常用于短的操作，如记账等。

　　活动状态：表示一个非原子的执行，一个活动状态拥有一组不可中断的动作或者操作，活动本身是可以中断的，通常需要耗费一段时间才能完成。在模型细化的过程中，活动状态可以分解为一系列动作状态和活动状态组成新的活动图模型。

（2）动作流。动作流也称控制流或转移或者变迁，用来连接活动，表示活动之间的转移（图5-2）。

（3）泳道。用矩形框来表示，矩形框的顶部是泳道名，表示当前泳道下的操作由哪个对象负责。通常情况下，泳道可以直接显示动作在哪一个对象中执行，也可以显示由哪个角色或者组织执行的动作或者执行操作所占用的资源（图5-2）。

（4）对象流。活动图中不仅需要表示控制的流转，有的图中还需要表示对象的流转，因此活动图中引入了对象，在UML活动图中用依赖关系将对象与活动连接起来，从而表示活动对对象的操作，如产生、修改对象。在UML活动图中，对象可以作为活动的输入或者输出，也可以作为活动的参与者与之交互。由虚线箭头来表示的对象与活动间的关系就是对象流（图5-2）。

（5）控制节点。UML活动图中包含两种控制节点：选择节点和并发节点，选择节点用来表示有条件判断的或分支或汇合；并发节点表示不同控制流的同步关系，有并发分叉和并发汇合两种不同的功能和形式（图5-2）。

活动图主要是一个控制流图，描述了从活动到活动的流。它描述活动序列，并且支持对并发行为和活动路由选择行为的表述，还支持对象流的描述。它综合了以往许多系统建模的思想，适合于工作流和并发的处理行为（吴际和金茂忠，2002）。

UML活动图用于工作流建模有以下优势。

（1）表达直观、简单易懂。UML活动图的可视化建模，具有较强的直观性。同时，UML作为一种通用模型描述语言，可以在多平台之间使用，而且用户和开发者都容易看懂，为模型表达、用户理解提供了工具。

（2）表达丰富，具有可扩展性。UML描述了模块之间的协作关系及模块内部的状态转移顺序，提供了大量的可用于过程描述的元素，并且用户能够基于这些元素进行扩展，创建新的元素，能够用于描述大多数业务模型。

（3）动态建模能够适应用户的需求变化。UML活动图提供了模型到运行实例的映射关系，能够反映用户的最新需求变化；反之，UML活动图支持对用户的需求变化的动态建模。

（4）支持数据和信息的描述。UML活动图不同于Petri网建模，不仅支持基础的控制流过程建模，还支持数据和信息的建模。另外，通过泳道还可以表示组织和资源（可以理解为企业中的部门、执行活动的角色、可用机器资源如打印机等），能够更全面地描述工作流模型，利于软件开发，而这种功能是传统的过程建模方法不具有的，这也体现了UML功能的强大特性（景玉钢，2007）。

（5）模型标准，具有通用性。采用工业标准的UML形式化语言建立工作流模型，其特点是标准统一、模型直观，可以方便映射到其他工作流模型，具有通用性。

## 5.3　基于关系数据库和扩展 ECA 规则的服务链建模方法

5.2 节论述的建模方法有一个共同特点：用户需要具有较好的知识积累建模，而且模型表达复杂，不易理解。因此本节提出简单易解且能用于表达复杂流程的建模方式：基于扩展 ECA 规则和关系数据库的 GIS 服务链建模方法。

### 5.3.1　基于关系数据库的服务链模型描述技术

国内外学者在研究开发工作流系统的过程中提出了许多流程模型的描述方法，而且在描述能力和模型本身的灵活性等方面也有所差异。目前，常见的模型描述技术有 XML 文件技术、XML 数据库、关系数据库。

XML 数据库是一个能够在应用中管理 XML 文档和数据的数据库管理系统。Swift 等（2005）给出的定义为：一个 XML 数据库是 XML 文档及其部件的集合，并通过一个具有能力管理和控制这个文档集合本身及其所表示信息的系统来维护。因此，XML 数据库本质上即 XML 技术。

XML 作为一种新的元标注语言和标准交换语言，能够提供一种描述结构数据的格式，有助于更精确地定义内容，担负起描述交换数据的作用。目前，IT 业的主要开发商都在自己的产品中加入了对 XML 的支持，如 Oracle、Microsoft、Apache等。比较常见的描述流程和链模式的描述语言大多基于 XML，如本书 3.3.7 节中介绍的 WSFL 和 BPEL4WS，还有 XPDL、ebXML、BPML 等。其中，XPDL（XML process definition language）是由工作流管理联盟提出的一种基于纯 XML 技术的标准，是至今工作流领域最为重要的一个标准，目前大多数工作流引擎是依据该标准设计开发的（刘云生，2006）。

使用 XML 技术描述流程模型，语法简单，易于理解，具有良好的扩展性和开放性，便于不同系统间共享和交换工作流模型（Wang，1999）。但是基于 XML 技术的模型描述在可读性、数据完整性和一致性维护、事务处理等方面存在很大缺陷，不适合 GIS 服务链建模的需要。

关系型数据库是组织数据并维护数据间二维表结构关系最好的数据模型，同时，数据库以其数据完整性、一致性维护、事务性处理占优势。因此，选择关系数据库描述服务链模型中控制链的各种数据逻辑关系是合适的，并且可以借鉴数据库的技术维护服务链的并发控制。下面从技术和应用角度讨论用关系型数据库描述服务链模型的优势。

从技术角度来说，使用关系结构来表达工作流引擎中的数据模型可以降低工作流引擎开发过程中的技术难度和工作量。具体表现在：

（1）关系数据库存储服务链模型的各类数据，包括控制链数据、服务链相关数据能够利用数据库管理系统的数据完整性、一致性管理功能。

（2）数据库管理系统的事务管理机制能够实现服务链的事务性处理，而不需用户编写大量代码。

（3）可以方便地利用数据库管理系统提供的各种 DML 语句来操纵工作流引擎所需的各种数据。

（4）关系数据库有利于服务链模型的扩展，能够适应业务模型的动态变化。针对业务模型的变化，在关系数据库中通过表格和字段的变更即可实现，而在基于 XML 技术的模型描述中，可能需要修改大量代码。

从开发应用系统的角度来看，在同一数据库环境下为开发者提供一个基于关系数据库的工作流引擎，如果这个工作流引擎所提供的功能可以方便地嵌入应用的开发环境中，则可以降低开发应用的难度。这是因为（黎立，2005）：①针对关键业务的应用系统通常会采用一个常规的关系数据库系统作为后台的支撑；②应用系统的开发者往往会采用一种他们所熟悉的并且适合此数据库系统的前端开发工具来开发具体应用，这些前端开发工具的一个显著特征是开发功能强大，但一般不具备工作流机制。

因此，采用基于关系数据库的工作流引擎很容易与应用的开发环境做到无缝集成。本书提出的服务链建模方法和本书的实验系统即是基于关系数据库的模型描述方法。

图 5-3 为基于关系数据库的服务链数据模型图，分为流程定义表、抽象定义

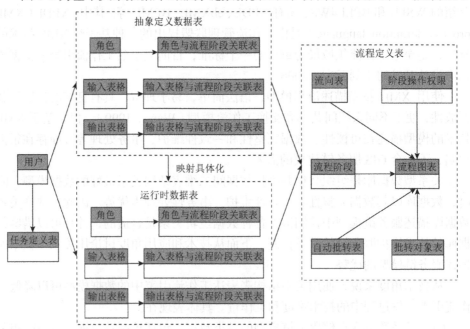

图 5-3　基于关系数据库的服务链数据模型图

数据表、运行时数据表三部分。流程定义表分别定义了流程图的流程阶段、流向、批准对象表和自动批准信息，描述了服务链的基本信息，形成了一个可视化服务链模型的数据库描述。抽象定义数据表部分定义了角色、输入表格、输出表格与流程阶段的交互关系，这部分只是信息的抽象描述，不支持服务链的具体运行。运行时服务表需要将抽象定义数据表通过工作流引擎和服务链引擎具体实例化，形成可运行数据库表，即本模型的第三部分。

## 5.3.2　基于扩展 ECA 规则的服务链激发机制

服务链与工作流的目的是一致的，都致力于业务模型办理中流程的自动化处理，因此计算机信息模型的驱动机制成为服务链和工作流研究的一个重点研究课题。目前研究主要集中在过程驱动、事件驱动、ECA 规则驱动，如 IBM 的 FlowMark 即是基于处理过程驱动的工作流产品。

基于处理过程的驱动机制，也称作 IPO（输入—处理—输出）模型，用一个由若干节点构成的无自环有向图表示业务流程。节点代表可执行的步骤或任务，对应 WfMC 参考模型中的活动，节点间的连接弧代表了过程中的控制流。整个模型依赖连接弧的控制能力，以"输入—处理—输出"为驱动模式。IPO 驱动模式简单、直观、易于理解，适合于流程较为固定、异常情况较少的文档型业务流程；但缺乏柔性，对业务变化的适应能力不足。

基于事件驱动的过程链（event-driven process chain，EPC）模型由 Keller 提出，是以事件作为流程触发源。在工作流运行过程中，通过事件检测器检测由用户、系统或外部触发事件的事件类型，启动相应的监听器处理业务流程，从而推动工作流程的流转。EPC 模型的主要构成元素是功能和事件：功能被事件触发，功能也能产生相应的事件。面向过程的控制流就这样由交替出现的功能和事件彼此连接而构成，控制业务流程的自动化或半自动化执行（Langner et al.，1998；Giese and Wirtz，2001）。EPC 模型的特点是描述能力强，具有较好的模型易读性。但它的组成元素的语义往往来源于对业务领域构成元素的概括，而没有进行面向计算机的抽象，所以它难以做到形式化，以致无法对它进行验证分析仿真（景玉钢，2007）。

ECA 规则（Hanson，1992；Ishikawa and Kubota，1993；Chakravarthy et al.，1994；Simon and Kotz-Dittrich，1995）是一种将事件触发规则和面向对象、事件驱动的环境结合起来的方法（陈翔和刘军丽，2007）。

ECA 规则的思想是：当规则事件发生时，系统实时地或在规定时刻检查规则的条件，如满足则执行规则的动作。其语法可以表示为一个三元组：$\{e, c, a\}$，其中，$e \in E$，$c \in C$，$a \in A$；$E$ 代表所在环境中发生且对状态改变有触发作用的事件；$C$ 代表响应触发事件的条件；$A$ 代表在条件满足的情况下对触发事件进行响应时采取的行动（张春海和李忠星，2007）。

ECA 规则的一般形式：

Rule <规则名> [（<参数 1>，<参数 2>…）]

When　<事件表达式>

If <条件 1> Then <动作 1>

…

If <条件 n> Then <动作 n>

End Rule

表示为（On Event，If Condition，Do Action.），含义为：事件 Event 发生，并且 Condition 满足，则执行 Action 动作。工作流模型定义中，在任务节点和路由节点中都增加了 ECA 规则，即任务节点的 Task ECA 和路由节点的 Route ECA 属性（任志考和胡强，2007）。

ECA 规则具有很强的语义表达能力，一般用于主动数据库研究和应用中，现在也常用于工作流管理系统中（van der Aalst and van Hee，1995），用于工作流主动服务器，实现工作流任务的自动路由。Goh 等（2001）提出一个基于 ECA 规则的工作流建模软件框架将 ECA 规则用于描述工作流活动的执行方式；胡锦敏等（2002）提出了一种基于 ECA 规则和活动分解的工作流模型，该模型中，ECA 规则反映活动之间的执行依赖关系。ECA 规则可以支持完整性保持（Stonebraker，1992；Ishikawa and Kubota，1993；姜跃平和董继润，1994）、派生数据维护（Widom et al.，1991）、生产监控、市场监控和决策支持系统（Simon and Kotz-Dittrich，1995）等各种应用。

虽然有学者提出基于 ECA 规则的建模方法难以形式化描述（刘怡等，2007），但可以结合其他技术弥补这一缺点。目前很多研究集中在借助 Petri 网结合 ECA 规则建立流程模型（van der Aalst，1996；van der Aalst and van Hee，1996；宋军等，2003；宋丽和艾迪明，2007）。本书的研究采用 Petri 网和有向图原理，用关系数据库描述的图网表示 ECA 规则，有效避免了 ECA 规则比较难以图形化的问题。同时，基于 ECA 规则和关系数据库的建模方法能够充分利用数据库的安全、恢复、并发等方面的成熟的技术，提高系统的适应性、灵活性和动态性，并且具有丰富的语义表达能力、实现相对简单、技术成熟等优点（Zimmer，1999）。

在 GIS 服务链中，ECA 规则中的事件多以用户与 GIS 界面的交互激发为主，有的也可以由 GIS 数据激发，如以地理范围为条件激发事件；条件对应服务链各节点的触发条件，即各节点服务的初始化条件；动作是指各节点服务的执行。

如图 5-4 所示，在服务链模式下，前驱节点 P 处发生的事件 $E_p$ 满足条件 $C_p$ 时执行动作 $A_p$，即前驱节点 P 处服务的执行；动作 $A_p$ 的执行对服务链数据和控制信息更新，附加用户的交互性操作，形成新的事件 $E_c$，服务链引擎监测到事件 $E_c$ 后激发当前节点 C 的初始化条件判断，即判断事件 $E_c$ 是否满足当前节点的条件

$C_c$，若满足，执行当前节点的服务，即动作 $A_c$；动作 $A_c$ 又会产生事件 $E_n$，传输到服务链的后继节点 N 处，重复进行判断 $E_n$ 是否满足条件 $C_n$，决定后继节点处的动作 $A_n$ 是否执行。如此循环。这就是基于 ECA 规则的服务链激发机制。

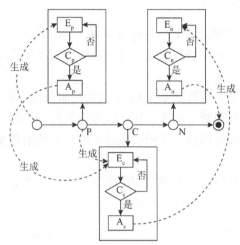

图 5-4　基于 ECA 规则的服务链激发流程

本书的实验系统即采用基于扩展 ECA 规则的服务链模型。根据规划行业中面向用户的服务宗旨和时间承诺制办公模式，在传统三元组 ECA 基础上扩展时间维，形成扩展的 ECA 规则，用四元组 $\{e, c, a, t\}$ 表示，其中，$t \in T$。$T$ 是业务阶段办理时间约束，当此阶段的动作 A 在满足条件后的 T 时间内没有执行，则提示办件人员办理案卷，如果办件人员选择不处理此案卷，则将此案卷延缓办理。

### 5.3.3　控制链和数据链的交互

GIS 服务链模型引擎（服务链集成模型中引擎之一）的逻辑实现主要由控制链和数据链完成，前者对应服务链的时间维，表示业务模型沿服务链随时间的不断推进，后者属于服务链的资源维，代表数据伴随控制链在业务模型中的流动，从而实现业务办理。

控制链和数据链中的"链"并不同于服务链中的"链"，这里的链表达的是一种数据结构而不是一种链状表现结构。从字面含义可以看出，控制链是服务链中用于贯穿各个服务节点的一种数据结构，用于控制服务的执行顺序。数据链用于控制服务链中业务流程的数据流的流转机制。它定义了行为之间的数据交换，定义了源数据和目标数据之间的数据映射和转换规则。

服务链中，控制链和服务链有时是紧密相连的，有时是分开的，因为两个节点之间行为操作执行时不一定要传送数据。控制链并不提供行为之间数据如何交换的指令。在控制链和服务链紧密相连的情况下，数据是在两个相邻节点之间传递的，即当前节点的 Input 是上一个节点的 Output。但有时需要在不相邻的节点之间传递数据，这时就需要用数据链来定义这种传递关系。另一种情况是当前节点的 Input 包含两个以上节点的 Output 信息，这时也需要用数据链来定义数据的映射关系。

如图 4-8 所示，控制链位于服务链引擎内，与服务节点、工作流引擎、任务列表交互，同时更新维护控制链数据。数据链负责与系统应用数据、服务链控制数据、应用服务进行交互。

本书中提出的基于关系数据库和 ECA 规则的服务链建模中，控制链是核心，负责事件的监控、条件判断、激发动作。服务链执行中，经过控制链判断事件满足条件，此时数据链即可执行，按照数据链中的数据映射和交换指令，在服务节点之间流动。

图 5-5 所示为基于 ECA 的控制链和数据链交互图。实心箭头线表示控制链执行的动作，虚线箭头表示数据链上的动作。

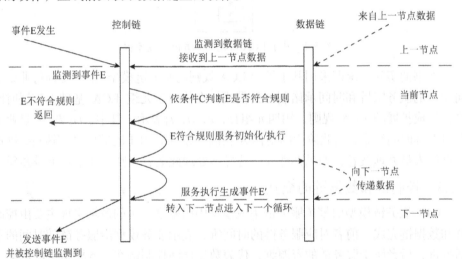

图 5-5　基于 ECA 的控制链和数据链交互图

控制链首先监测是否有事件发生，是否有数据从上一节点传入。当监测到有事件 E 发生后，依据条件 C 判断事件 E 是否符合规则，如传入的数据在类型、格式描述等方面是否是当前节点需要的数据。如果事件 E 满足条件 C 则执行动作 A。其中动作 A 有多种，本图中包括三个动作：返回、服务初始化、向数据链传递信息。当事件 E 不符合规则时，返回；如果符合，则利用传入数据和服务链相关数据初始化并执行当前节点的服务；当前节点服务执行完毕后，生成事件 E'，同时向数据链发送"数据可传递"的信息，激发数据链上数据传递到下一个节点。如此进入下一个循环。

### 5.3.4 服务链引擎和工作流引擎的交互

如图 4-8 所示，服务链引擎和工作流引擎是服务链模型框架体系中的两大引擎，负责服务链模型的解释与执行。基于工作流的服务链模型充分利用了工作流技术，实现了业务逻辑与应用逻辑分离、服务链执行的监控追踪，并解决了服务链缺少流程描述难以重用的问题。

工作流引擎实现的功能：①实现服务链的抽象化映射，形成服务链实例；②维护服务链实例的状态，如创建、激活、挂起、终止等；③提供用户操作接口；④提供用于激活外部应用程序和访问工作流相关数据的接口；⑤控制、管理和监督工作流过程实例和活动实例执行情况。

服务链引擎实现的功能：①构建服务链模型；②解释并维护控制链数据和数据链数据；③控制并维护服务链各节点的状态；④各服务节点的执行。

工作流引擎和服务链引擎交互过程即服务链实例状态转变（图 5-6）的过程。

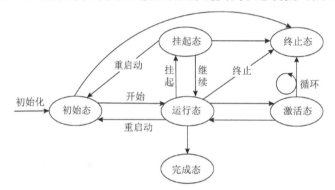

图 5-6　流程实例状态变化图（WfMC，1995）

初始态：一个流程实例已被创建，但还没有满足启动执行的条件并收到和响应一个启动流程事件。处于初始态的过程，一定通过启动过程的第一个节点而开始整个过程。

运行态：流程实例已经启动执行，但仍没有一个节点处于激活状态。

激活态：流程实例已经被执行的状态。

挂起态：流程实例处于一种不活动的状态，在该状态下，不能启动和操作任何行为实例和工作项实例，除非通过一个恢复流程实例的事件返回到运行状态。

终止态：在正常结束之前，该过程实例的执行被事件强行结束。它是状态转换中的最后一个状态，从此不会再有状态转换行为发生。

完成态：过程实例已满足了结束条件，被正常结束。完成状态也是状态转换中的最后一个状态，从此不会有状态转换行为发生。这意味着该结束不是任何强迫所导致的结果，而是行为实例和工作项实例按照预定的方案进行正常的状态转换所形成的结果。

# 5.4　本 章 小 结

本章在第 4 章基于工作流技术的 GIS 服务链集成模型研究的基础上，重点讨论了基于工作流的 GIS 服务链建模技术，提出了基于关系数据库和扩展 ECA 规则的服务链建模方法。通过分析得到结论：

（1）基于关系数据库的服务链建模方式能够充分利用关系数据库的一致性、完整性维护技术、并发操作、基于事务的处理技术，从而大大减少了系统开发工作量。

（2）基于扩展 ECA 规则的服务链模型，具有丰富的语义表达能力，支持 GIS 空间数据和处理功能的语义表达，同时本书实例采用图的建模方式结合 ECA 规则的服务链建模方式再一次证明这种模式适合 GIS 应用，并且支持 GIS 的语义表达。

# 第6章　服务链性能评价初步研究

GIS 服务和 GIS 服务链是 GIS 技术发展的新阶段，是分布式 GIS 集成应用的新模式。GIS 空间数据的空间特性、时间特性、专题特性及地物多语义性为 GIS 服务链的应用带来了一系列问题，集中表现在 GIS 服务链的应用性能和 GIS 服务的质量（QoS）问题。因此，GIS 服务的 QoS 和 GIS 服务链性能评价逐渐成为研究重点。

本章总结现有 QoS 相关研究成果，提出了面向用户的 GIS 服务 QoS 评价指标体系，用于对 GIS 服务的质量评价，重点探讨了 GIS 空间数据的质量评价。基于以上论述，作者针对现有服务应用中存在的发现效率低、可用性可信度差等问题，提出了基于 QoS 的用户反馈机制实现 GIS 服务信息修正。本章最后从 GIS 服务链生命周期的视角提出了具有分层结构的 GIS 服务链性能评价模型。

## 6.1　面向用户的 QoS 评价指标体系

### 6.1.1　QoS 概述

服务质量体现消费者对服务者所提供服务的满意程度，是对服务者服务水平的一种度量和评价。这是现实生活中人们对服务行业中的服务质量的解释。同样，这个概念也可以形象化地类比到计算机行业。所不同的是，在服务链理论框架中，消费者是指服务的终端用户，服务者是指服务的提供者、创建者。

关于 QoS 的定义有不同的描述。RFC2386（Crawley et al.，1998）中描述为：QoS 是网络在传输数据流时要求满足的一系列服务请求，具体可以量化为带宽、延迟、延迟抖动、丢失率、吞吐量等性能指标。此处的服务具体是指数据包（流）经过若干网络节点所接收的传输服务，强调端到端（end-to-end）或网络边界到边界的整体性。QoS 反映了网络元素（如应用程序、主机或路由器）在保证信息传输和满足服务要求方面的能力。

另一种描述为（Hutchison et al.，1994）：QoS 是指发送和接收信息的用户之间及用户与传输信息的综合服务网络之间关于信息传输的质量约定。该约定可以被理解为服务提供者与用户之间的一份服务契约，即服务提供者承担支持给定的服务质量，当且仅当用户按照约定的信息流特征产生数据。换句话说，服务质量包括用户的要求和网络服务提供者的行为两个方面，是用户与服务提供者两方面主客观标准的统一。用户的要求是指定用户在 Internet 上进行多媒体通信时所要求的服务类型及相应的传输性能和质量等；网络服务提供者的行为则指 Internet 针对某一类服务所能提供和达到的性能与质量。

网络上 Web 服务数量的剧增，对 Web 服务的应用提出了挑战，UDDI 基于关键词和简单分类的服务发现机制已经不能很好地满足需求。面对用户提交的一个服务请求，可能在 UDDI 等注册中心存在多个功能和语义上与之相匹配的服务，而这些服务非功能性因素（如服务响应时间、可靠性等）可能存在很大的差异。因此引入了服务质量 QoS 作为衡量 Web 服务非功能性因素的标准，建立了可扩展的 QoS 模型，提出基于此模型的 QoS 计算方法，通过对相似服务的 QoS 进行计算，能筛选出性能最好的服务返回给用户（吕玉明和王红，2007）。

服务质量（QoS）描述了一个产品或者服务满足消费者需求的能力（ISO9000，2002），目前，国内外很多研究者对 Web 服务的 QoS 进行了研究，并且从不同的角度对 Web 服务 QoS 模型进行刻画，如可扩展性、并发处理能力、响应时间、吞吐量、可用性，分别用于服务的发现（江涛，2006；郑晓霞和王建仁，2007）、组合（Jaeger et al.，2004；Jaeger et al.，2005；鲁琳，2006；高晓燕等，2007；侯贵法和王成耀，2007）、匹配（吕玉明和王红，2007）等方面。但这些研究大多是面向标准 Web 服务，适用于所有 Web 服务的 QoS 度量准则，如服务执行时间、服务执行费用等。目前的研究在行业拓展应用方面比较少，而针对 GIS 行业、GIS 空间数据的 QoS 研究更少。

## 6.1.2  QoS 评价指标分类

目前，计算机行业相关协会和工作组，还没有形成一个完全标准统一的 QoS 评价体系和评价模型。很多研究者根据自己的研究需要，分别提出了一系列的评价体系和评价模型：刘博和范玉顺（2008）将应用分为战略层、业务层、服务层与 IT 层，基于这种分层模式提出面向服务的应用分层性能评价模型，并通过改进层次分析法（analytic hierarchy process，AHP），对关键性能指标的相关度进行分析，并将其用于服务的选择。刘卫国（2003）将信息系统的评价指标体系按照系统建设、系统性能和系统应用三方面分层，得到参与评价的三维指标矩阵，再将多目标决策中的逼近理想解法应用到以矩阵为元素的空间中，按照与理想解和负理想解的相对接近度去对信息系统做出综合评价，并据此提出一种新的信息系统评价模型。刘飚等（2005）提出一个反映业务流程综合性能的评价体系。朱家饶等（2005）提出一个基于流程的制造绩效评价体系，但对各层指标并没有详细展开。陈翔（2003）基于广义随机 Petri 网对工作流的性能进行了分析，但对资源分配、数据共享等问题有待进一步研究。Menasce（2002）对 Web 服务质量和性能问题进行了研究。

信息系统的应用涉及面广、种类繁多，评价指标体系的建立不存在统一的模式。评价指标可能会随着信息系统产品、评价时间、评价目的的不同而发生变化（刘卫国，2003）。因此，在 QoS 评价指标的分类方面也一直没有一个具体的标准。作者总结目前的研究成果提出如图 6-1 所示的分类。

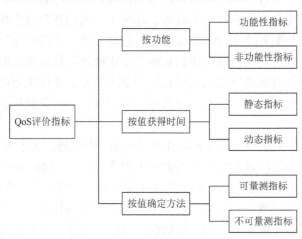

图 6-1　QoS 评价指标分类体系

上述分类体系中提出了三种分类方法：按功能、按值获得时间、按值确定方法。

按功能分类可以分为功能性指标和非功能性指标。功能性指标与具体服务相关，表示服务的功能是否满足用户需求的指标，可以作为服务发现和匹配的主要依据。非功能性指标主要包括可用性、可获得性、成本、相应时间等，是同类服务中进一步区分的依据。有的文献将非功能性指标又进行了细分，如刘博和范玉顺（2008）将非功能性指标细分为过程级指标和活动级指标。

按照指标值获得的时间可以分为静态指标和动态指标。静态指标是指在服务被调用前就明确数值的指标，如服务执行费用、吞吐量、数据完整性、准确性等，其值由服务提供者在提供服务时一并提供。动态指标是指只有服务被调用执行后才能获得其取值的指标，如服务执行时间、可靠性、服务器性能等。动态指标一般与服务的运行相关，并非一个固定值，有可能随服务执行环境或执行时机不同而发生变化，如服务执行时间。动态指标值的确定一般需要多次执行取加权平均值或简单均值的方式确定。

按照指标值是否可量测分为可量测指标和不可量测指标。可量测指标是指那些能够通过仪器设备等测量方法获得的指标，如网络带宽、服务器性能等。不可量测指标是指不能简单地通过测量方法获取值的指标，如服务的执行时间。不可量测指标值的获取方法较多，一般常用多次执行取其均值的方法表示，也有研究文献（刘新瑜和朱卫东，2005）提出了基于执行日志挖掘的获取方法。

### 6.1.3　面向用户的 QoS 评价指标体系

面向用户是指用户依据自身需求与实力，直接或请第三方评价机构对待选软件实施质量评价，将评价结果与自身需求相比较，并在综合权衡各种因素后，决定采取何种软件更为有利的过程（高维，2006）。面向客户重点强调的是客户的需求和自身实例与服务或系统的对应关系，追求一种"供需平衡"状态。

建立科学、合理、可行的评价指标体系是正确评价信息系统的基础和前提。评价指标体系应能有效地反映出信息系统的基本情况，抓住主要因素，以保证评价工作的全面性和可信度，同时评价指标要易于操作，数据收集方便、计算容易（刘卫国，2003）。

Menasce 在其文章 *Qos Issues in Web Services* 中提到：关于 Web 服务的 QoS 问题必须要从服务提供者和服务使用者两个视角去评价（Menasce，2002）。作者认为，Menasce 的观点在标准的 Web 服务中是正确的，但对于某些行业应用领域，由于服务处理的数据或应用的特殊性需要，在评价指标体系中除了提供者和消费者的视角外，还得考虑其他方面，如数据、应用特点等。本书研究的 GIS 服务链就是这样的例子。GIS 是研究地理空间数据表现、分析的信息系统。而空间数据的空间特性、时间特性和专题特性对于 GIS 的应用是非常关键的三个问题。空间数据经过采集、处理后势必带来误差和质量问题，能否满足应用需求？数据的精度和现势性如何？这些都是与空间数据质量评价相关的问题。因此，作者认为在 GIS 服务的 QoS 研究中一定要加入空间数据的评价指标。

国内外学者对 QoS 评价指标体系的研究较多的集中在普通 Web 服务的 QoS 方面，对于行业应用的研究较少，而且大多从不同的角度进行研究。如上文中提到的：Menasce 认为应该从服务提供者和服务使用者的视角评价（Menasce，2002）；刘书雷（2006）则认为 QoS 问题应该从服务本身、网络环境和服务消费者三个层次建立评价指标体系。目前的研究很少从服务基于的数据层次评价 QoS。作者认为 QoS 作为描述服务满足消费者需求的能力，其所使用的数据的质量是一个不可缺少的评价指标。因此，面向 GIS 和用户的服务链的评价指标体系应该从服务提供者、服务网络环境、服务消费者、空间数据四个层次建立。

服务提供者除了提供 Web 服务外，还要对 Web 服务的可用性、使用策略等方面负责。服务消费者使用服务时，必须获得服务提供者所提供的服务功能的描述用于匹配服务是否满足应用的功能需求，除此之外，服务消费者还得考虑服务的可获得性、服务的使用费用等问题。服务网络环境是服务的宿主环境和服务运行环境，因此网络环境的性能状况将直接影响服务的质量。服务消费者可以度量评价服务质量，并提出对服务质量的指标要求。空间数据是面向 GIS 行业对标准 Web 服务的一种拓展。这四个视角的服务评价指标相互影响具有层次性。

基于上文分析，提出面向用户的 QoS 评价指标体系。其定义如下。

### 1. 可获得性

可获得性（availability）代表服务可操作时间比率（Menasce，2002）。这一指标是与时间相关的，可获得性越大，说明服务即可使用，需要等待的时间少；反之，需要等待一段时间才可使用服务。对此指标的评价有研究提出采用 TTR（time-to-repaire，修补时间）来表示可获得性（许文韬，2003），TTR 越小可用性越大。

### 2. 安全性

安全性，包括服务提供的存在性、授权机制信息、服务的通信保密、数据整合、防止拒绝服务（denial-of-service）攻击的能力等方面（Menasce，2002）。

因为 Web Service 的触发调用经过 Internet，所以安全问题十分重要。可以通过对参与者进行身份认证、信息加密、访问控制等手段提供安全性能保障。

### 3. 响应时间

响应时间（response time）是判断服务性能的一个重要指标，响应时间越短，代表服务性能越高。响应时间的计算是从服务调用者发送服务请求开始到收到服务执行结果为止的一段环路时间。因此，响应时间的计算包括服务传送时间（服务发送和结果传递）$T_{\text{trans}}$ 和服务执行时间 $T_{\text{process}}$ 两部分。因为网络设备性能、网络环境等随时间不断发生变化，所以响应时间的测定具有单次不确定性，在实际的 Web 服务评价中，一般采用多次实验取平均值的方法获得。

### 4. 吞吐量

吞吐量表示服务在单位时间内对服务请求的响应比率，是服务性能的一个重要指标。对吞吐量的描述一般用最大吞吐量和计算函数表示。计算函数表示随负载强度的不同，服务吞吐量的变化。

### 5. 使用策略

使用策略表示服务消费者在使用服务时的一些非功能性质量指标，如费用、使用协议等。使用策略一般由服务提供者在提供服务时提出。

在使用协议方面，目前主要是针对 Web 服务在没有 QoS 保证的情况下提出的一种建立在提供者和消费者双方基础上用于约束服务 QoS 保证的一种策略。一般 Web 服务提供了一种有限的 QoS 保证。服务消费者接收到的服务在响应时间、吞吐量等方面可能都没有质量保证。因此，Web 服务的提供者和消费者签署使用协议，也称为服务等级协议（service level agreement，SLA）（Menasce，2002）。SLA 协议对服务的质量和使用方面进行了约定。在服务 QoS 方面，可能包括了 Web 服务的响应时间应该不低于多少、服务在几秒钟之内完成的成功率应该高于多少、Web 服务的可用性应该保证是多少等内容。在使用方面，可能会存在用户使用同一个 Web 服务按照不同的使用价格签署 SLA，提供不同等级（待遇）服务的情况。

**6. 可靠性**

可靠性（reliability）表示服务调用成功并执行的概率。可靠性与软硬件和网络环境有关系。

**7. 容错性**

容错性表示服务出现错误时，报告错误或修复错误的能力。容错性越高，服务越好，服务出现崩溃的可能性就越小。

**8. 网络带宽**

网络带宽表示网络环境的一个指标参数，指服务能够使用的当前网络可用带宽。其数值可以通过网络设备或者网络提供商（ISP）提供。

**9. 网络服务器性能**

网络服务器性能表示服务运行所在主机的性能参数，包括 CPU 的占有率及可用内存率等。

**10. 信誉等级**

信誉等级（reputation）是用户在使用完服务后，对服务的评价和满意度评价（刘书雷，2006）。这一指标具有客观性，为以后的使用者提供参考。

**11. 空间数据指标**

空间数据是 GIS 的血液，其质量是 GIS 的生命，随着 GIS 在各行各业的推广应用，空间数据库日渐庞大，数据质量问题越来越受到人们的关注，其数据质量的好坏直接影响 GIS 应用、分析、决策的正确性和可靠性（吴芳华等，2001）。

空间数据质量是指空间数据适用于不同应用的能力。主要有以下几个指标。

（1）完整性：服务相关的空间数据对现实地理现象描述的完整程度。一般来说，空间范围越大，数据完整性可能越差。例如，生态类型制图需要地形高程、坡度、坡向、植被覆盖类型、气温、降水和土地等数据。缺少上述任何一方面的数据对于生态分类都是不完整的。

（2）准确度：表示空间信息数据服务所提供的空间数据与真实地理现象的接近程度。由于空间特征、专题特征和时间特征是表达空间信息的三个基本要素（陈述彭等，1999），因此空间数据准确度可以从位置准确度（指空间实体的坐标数据与真实位置的接近程度）、属性准确度（指空间实体的属性值与其真实值相符的程度）及时间准确度（指空间信息的现势性）三个方面进行度量。

（3）现势性：表示空间数据与所描述对象目前的匹配程度。空间数据的时间特性，表征了空间数据是随时间不断发生变化的。这点可以从气象数据和海洋数据看出，气象和海洋信息每时每刻都在不断变化。因此，现势性成为空间数据的一个重要指标。不同现象的变化频率不同，如地形、地质状况的变化一般来说比人类建设要缓慢，地形可能会由于山崩、雪崩、滑坡、泥石流、人工挖掘和填海等而在局部区域改变。但由于地图制作周期较长，局部的快速变化往往不能及时地反映在地形图上,对于那些变化较快的地区,地形图就失去了现势性。

(4)精度:对现象描述的详细程度。例如,对同样的两点,精度低的数据并不一定准确度也低(陈俊杰和邹友峰,2005)。

(5)可得性:指获取或使用数据的容易程度。例如,保密的数据按其保密等级限制使用者的多少,有些单位或个人无权使用,公开的数据则按价决定可得性,太贵的数据可能导致用户零星搜集,造成浪费(陈俊杰和邹友峰,2005)。

(6)语义一致性:GIS 应用行业广泛,不同的行业对同一地物的描述表达可能不同。例如,在土地利用分析中,林业部门根据《中华人民共和国森林法实施条例》把林地分为包括郁闭度 0.2 以上的乔木林地及竹林地、灌木林地、疏林地、采伐火烧迹地、未成林造林地、苗圃地和宜林地(崔巍和李德仁,2005;中华人民共和国国务院,2000)。而农业部门根据《中华人民共和国草原法》把草原分为天然草原和人工草地,其中,天然草原包括草地、草山和草坡,人工草地包括改良草地和退耕还草地(全国人民代表大会常务委员会,2000)。依据不同的法规导致不同部门进行土地利用分类时常常会产生同一地块具有不同的语义表达,造成语义不一致性问题。

## 6.1.4　基于 QoS 反馈的服务信息修正设想

目前的 Web 服务注册中心,包含行业性目录服务如 OGC 的 WSC、WCR 等,仅支持服务的功能性描述,而且这是一种无约束的功能性描述,无法验证服务描述的有效性。服务作为一种分布式资源,任何个人或者团体都可以把自己的服务封装后发布,由服务者独自发布和维护的服务描述信息,其可信度和可靠性得不到保证。同时,网络的动态性和不稳定性,使得服务的有效性和可用性得不到保障,间接造成 UDDI 等注册中心中服务不可用,阻碍了 Web 服务应用的发展。

Clark(2001)对 UDDI 中的注册服务进行了统计,统计样本 1581 条记录,统计结果如图 6-2 所示。

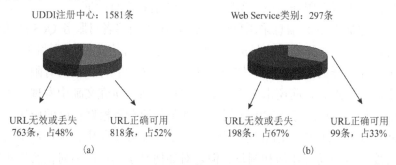

UDDI注册中心:1581条　　　　　　　　Web Service类别:297条

URL无效或丢失　　　URL正确可用　　　　URL无效或丢失　　　URL正确可用
763条,占48%　　　818条,占52%　　　　198条,占67%　　　99条,占33%
　　　(a)　　　　　　　　　　　　　　　　　(b)

图 6-2　UDDI 注册中心服务样本统计图

图 6-2(a)表示 1581 条样本的统计结果,可以看到,其中只有 52%的样本

URL 格式正确并可用，48%的样本 URL 无效或者丢失，也就是说，UDDI 注册中心中占 48%的服务是不可使用的。Clark 又对 1581 条记录进行了分类，分类结果见表 6-1。图 6-2（b）表示 1581 条记录中通过分类获得的 297 条用 WSDL 描述的 Web Service，其中只有 33%的记录是可用的，67%的记录无效或者丢失。

**表 6-1　UDDI 注册中心服务样本统计表**（Clark，2001）

| URL 类别 | 类别描述 | 记录数 | 所占比例/% |
|---|---|---|---|
| Web 网站类 | 提供了网站地址，但没制定具体页面，如 http://www.salcentral.com | 556 | 35 |
| 页面类 | 指向了一个具体的网页 | 320 | 20 |
| Web Service 类 | WSDL 或 Disco XML 描述的 Web 服务 | 297 | 19 |
| 无效类 | 未提供 URL 或提供的 URL 不符合 tModel 要求的服务 | 296 | 19 |
| 可下载未知格式类 | 如以 pdf、doc、zip 为扩展名的可下载 URL | 86 | 5 |
| 未知文件 | 未知的文件类型，如以 esp、list、ind 为扩展名的文件 | 23 | 1 |
| XML 类 | XML 扩展名文件 | 3 | <1 |

Kim 和 Rosu（2004）研究了 2003～2004 年公共 Web 服务的使用情况，其数量没有显著的增加，大概 66%的服务不可用，且每周大约有 16%的已注册服务失效。

由以上数据可以看到，由服务者独立发布和维护服务机制，不能保证服务的可信度；而服务注册和应用中存在的服务不可用、不可信问题对服务的应用和发展带来问题。国内外很多研究人员做了许多有益的探索。Ran（2003）对 UDDI 进行扩展并提出了一种新的服务发现模型，通过增加一种新的数据结构 qualityInformation 对 Web 服务的 QoS 信息进行描述。此外，定义了一种服务 QoS 验证者角色，用来对服务提供者所宣称的 QoS 信息进行验证。

作者认为基于 QoS 信息采用反馈机制，由服务消费者对服务 QoS 描述信息更新修正可以在一定程度上解决目前存在的服务 QoS 可信度和可用性问题。

但采用什么样的修正模型，如何实现？由于作者能力和精力有限，而且这也不是本书研究重点，目前还未实现验证。但从目前的研究文献中发现这种方法具有一定的可行性。Liu 等（2004）提出允许服务消费者根据自己的应用实际对服务的 QoS 参数进行修改；杨胜文和史美林（2005）在文献中，采用反馈机制对服务的信誉度进行了动态评估和调整，但是对如何基于用户反馈对信誉度进行客观公正的调整并没有进行描述。

## 6.2　服务链性能分层评价模型

服务链作为反映现实世界业务模型的一种新模式，其应用和研究处于起步阶段。但服务链作为业务流程的计算机描述模式，有较好的计算机基础和数学理论支持，如 Petri 网等。服务链性能评价是借助于某些性能参数，对其量化或者定性，分析其是否具有较高的性能，对服务链进行评价的过程。服务链性能分析与评价是对服务链进行优化的基础，具有重要意义。

目前，单独对服务链性能评价的研究非常少，几乎没有。因此，本书借鉴了工作流和信息系统性能评价的研究成果，提出适合于 GIS 服务链的性能评价模型和方法。

在工作流性能评价方面，主要侧重于时间和资源负载，如陈翔（2003）、李建强和范玉顺（2003）、李慧芳和范玉顺（2004）分别针对时间与资源负载两方面研究了对工作流模型进行静态或动态性能分析的方法；肖志娇等（2006）采用排队论提出了一种通用的工作流时间性能分析方法；刘博和范玉顺（2008）从系统应用架构视角将应用分为战略层、业务层、服务层与 IT 层，基于这种分层模式提出面向服务的应用分层性能评价模型，通过改进层次分析法（AHP），对关键性能指标的相关度进行分析，并将其应用于服务的选择。

以上文献的研究成果，主要面向通用行业的业务流程模型的性能评价，而且大多局限在时间和资源利用两个方面。时间是反映性能的一个重要方面，资源利用率反映了系统资源的配置状况，也是性能的一个重要方面。但单纯从这两个方面评价服务链，尤其是 GIS 服务链远远不够。因此，本书从服务链模型、运行、结果、成本四个层次提出了分层结构评价模型，如图 6-3 所示。

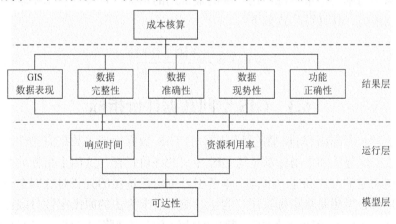

图 6-3　GIS 服务链分层结构评价模型

　　基于服务链生命周期中的创建、运行、结束等环节，该评价模型分为四个层次。成本核算指标为整个系统的最高层次评价指标，这个指标是整个系统的宏观评价参数。其他三层分别是模型层、运行层、结果层。

　　成本核算指标是性能分析的重要内容之一，通常采用基于活动的成本计算方法来统计过程的总成本。经营过程成本的统计方法可以分为三类：按价值类型统计时，总成本由增值活动成本、业务增值活动成本和非增值活动成本三部分组成；按资源类型统计时，成本由劳动力成本、设备成本、原材料成本和其他可计算成本构成；按时间类型统计时，成本由标准成本和超时成本构成（王海顺和吴鹏，2005）。成本核算指标一般应用在商业化运作的业务流程系统中，对于一些面向客户定制的业务流程系统，如政府部门的服务链或者工作流等系统中不存在成本指标问题，因为这些系统面向客户定制，它们不需要再调用外界的服务。组成服务链的服务在系统建设初期全部计入系统建设成本，不会产生后期运行成本，因此在这类系统性能评价中不使用成本核算指标。

　　模型层的主要性能指标是模型的可达性，用于判断模型是否正确。运行层，主要是从响应时间、资源利用效率两个指标考察服务链的执行效率。在结果层中，基于 GIS 应用的行业性，设置了 GIS 数据表现、空间数据完整性、空间数据准确性、空间数据现势性、系统功能正确性五个指标。

　　服务链响应时间是指服务链的所有构成服务（包括聚合服务）的响应时间总和（这里不计算服务链各节点调度时间），可以用服务链评价响应时间表示。其计算方式是统计各节点处的服务执行时间和结果传递时间的总和。在具体实现方面，很多研究者提出了不同的方法，常用的是基于执行日志的时间挖掘算法（刘新瑜和朱卫东，2005）。

　　资源利用率是衡量资源使用状况的最常用的指标。资源的利用率越高，工作流的性能越高。其计算公式如下：

$$资源利用率=\frac{资源工作时间}{资源存在时间}$$

# 6.3　GIS 空间数据评价指标

　　6.2 节分层结构评价模型的结果层中的 GIS 数据表现、数据完整性、数据准确性、数据现势性四个指标都是与 GIS 相关的评价指标。这四个指标的共同点是无法直接用定量方式描述。因此，本节引入了定性量化的方法对这四个指标进行评价。其核心思想是将指标按用户为主、应用需求为主的原则定性分级计分，通过计分方法获得各指标的量度值。常用的计分方法有缺陷扣分法、单项打分法等。这种定性量化的方法根据用户需求为指标的不同方面设置权重系数，充分体现了用户应用为主的思想,而且非常灵活,可以由用户根据需求设置不同的分级依据。下面介绍各指标的分级依据。

**1. GIS 数据表现**

GIS 作为空间数据分析和表现的技术,以可视化地图方式展现空间数据。因此,数据表现作为与用户的直接交互界面,在友好性、规范性、表现完整性等方面非常重要,可以作为分级的依据。

**2. 数据准确性**

输入的空间数据经过服务链各节点处理后得到输出数据,输出数据与预期结果数据的接近程度表示为数据准确性。这种准确性可以从空间数据的定位坐标、数据属性、空间关系三个方面度量。准确性越高,服务链性能越好;反之,服务链性能越差。在分级设置中,除了以上述三个方面作为依据外,还应考虑数据对用户应用的重要性。例如,用户对空间数据的空间关系要求比较严格,则这个方面的权重要大些,其他方面相对小。

**3. 数据完整性**

经过服务链处理后的数据和预期结果相比的完整程度表示为数据完整度。根据空间数据的空间、专题特性,数据的完整性主要指数据是否缺失、专题属性是否完整。因此,可以将这两个作为分级依据。

一般来说,空间范围越大,数据完整性可能越差。完整性和服务链性能成正比,完整性越好表示服务链的性能越好,反之亦然。

**4. 现势性**

现势性具有时间相对性,有的用户认为 2 年内的数据是现势性较好的数据,而有的用户可能认为这一时间是 3 年或者更长。造成这种相对性的原因:一是数据更新生产周期长,二是用户的应用需求不一定要求最新数据。因此,作者认为:用户认可的时间段内的数据,都称为具有现势性的数据。如果目前数据的时间已经超过用户认可时间段,则认为数据现势性差。同时,从辩证的观点也可以认为:生产的数据现势性差说明服务链无法处理最新的数据。因此,可以作为分级计分的依据。现势性越好,服务链的性能越好。

# 6.4 本 章 小 结

QoS 从多个方面,利用评价指标评价 Web 服务的性能,体现服务消费者对 Web 服务的满意程度。本章针对目前的 QoS 评价体系侧重于普通 Web 服务,缺少对 GIS 行业的专有考虑的现状,从 GIS 所关注的空间数据特点出发,提出了 GIS 服务的 QoS 评价体系,其中重点探讨了 GIS 空间数据的质量评价。然后针对目前服务注册中心 UDDI 存在的服务可信度可用性差的问题,提出了基于 QoS 的服务信息修正设想，但由于能力和精力有限，目前对这一设想还没有实现。

服务 QoS 是对单个服务进行质量和性能评估，不能实现服务链的性能评价。6.3 节从服务链生命周期的建模、创建、运行、结果几个环节考虑，提出了具有分层结构的面向 GIS 的服务链性能评价模型，并具体讨论了服务链中 GIS 相关评价指标。

# 第7章　GIS 服务链应用实验系统设计与实现

当前，我国正处于经济和科学飞速发展时期。城市建设一日千里，对城市规划管理理念、方法和模式提出了新的要求。自从 20 世纪 80 年代后期，我国部分城市开展城市规划管理行业的信息化以来，城市规划管理行业已经成为我国 GIS 应用发展速度最快、影响最大的行业。GIS 技术的引入为城市规划管理提供了有效的空间数据管理、信息查询分析方法，提供了公众参与监督的新方式，从而不断提高规划管理工作的效率和技术。

针对城市规划行业的新需求，结合本书关于 GIS 服务链的理论、应用模型、实现技术的研究，作者提出并构建了一个基于 GIS 服务链的实验系统——城市规划管理信息系统（urban planning GIS，UPGIS）。本章首先从业务的新需求开始，然后提出 GIS 服务链对新需求的解决方案，并介绍 UPGIS 的系统架构。最后重点论述本实验系统中基于关系数据库和 ECA 规则的 GIS 服务链模型的设计与实现，以及基于工作流技术的 GIS 服务链执行与监控。

## 7.1　规划业务的新需求

城市规划管理依据《城市规划基本术语标准》（GB/T50280—1998）应解释为：组织编制和审批城市规划，并依法对城市土地的使用和各项建设的安排实施控制、引导和监督的行政管理活动。它是城市政府的一项行政职能。随着社会经济和信息技术的飞速发展，城市建设、土地开发等一系列工作日趋繁重，城市规划管理也从过去的人海战术、手工操作进入了城市规划管理信息系统的研究、探索、建设和发展阶段。

伴随我国科技进步、经济的飞速发展，城市化进程越来越快，相应地对城市规划管理理念、方法和模式也提出了新的要求。城市规划管理业务已从最早的纸质办公纸质作图发展到信息化办公纸质作图，再到今天的图文表一体信息化。尽管现在提供的基于组件的 C/S（客户端/服务器）模式的城市规划管理信息系统为用户提供了一体化办公模式，能让用户高效、便捷地处理业务，但 C/S 模式的办公存在诸多限制。除了办公地点的限制外，在系统的开放性等方面也存在问题，无法实现与其他系统的连接和互操作。因此不适应规划业务的新需求，这些新需求主要体现在与其他部门的协同办公和上下多级部门之间的数据交流及监管方面。

### 7.1.1　跨部门协同办公

城市作为一个有机综合体，具有多功能、多层次、多因素、错综复杂、动态关联的本质。城市管理包括城市规划管理、交通管理、市容卫生管理、环境保护管理、消防管理、土地管理、房屋管理等。城市规划管理只是其中一项专业的技术行政管理、具有特定的职能和管理内容。但它又和上述其他管理相互关联、相互交织在一起，管理中的大量问题都是综合性问题。一项地区详细规划，涉及方方面面的内容；一项建设工程设计方案除了涉及城市规划的要求外，其区域位置和性质还可能涉及环境保护、卫生防疫、绿化、国防、消防、气象、铁路、航空等管理的要求。这就要求城市规划管理部门作为一个综合部门进行系统分析、综合平衡、协调相关问题（孙毅中等，2004）。在 IT 技术中，这种现象用"跨部门协同办公"表示。同时，现在国家提出了国家大部制改革和多部门协同办公，因此基于城市规划行业的这种综合性特点，必须要解决协同办公问题。

基于目前各政府单位均有符合现实业务办公的信息系统的现状，作者认为，最有效可行的解决协同办公问题的方案是利用 Web 服务的技术优势，集成各单位间信息系统，实现协同办公。

### 7.1.2　上下多级部门间系统集成和数据共享

在我国的政治体制中，地市级城市规划管理部门是局建制（简称市规划局），其上级部门为省级建设厅，下级部门为县（市/区）级规划局。市规划局对上需要上报部分规划数据给省级建设厅；对下要能够监控县级规划局的办公现状，并能实现数据的实时查看。这个需求是国内部分中大城市规划局的新的需求，如苏州市、宁波市、杭州市等。这个需求，要求各级规划相关系统实现互联互通、系统集成。

### 7.1.3　业务新需求

以上两方面的需求都有一个共同点：多个分布式系统的集成，并且能很好地支持 GIS 办公和流程化办理。

面对城市规划管理部门，横向要与多个政府部门之间协同办公，目前的 C/S 模式系统显得无能为力，需要一种开放性强、维护性好的系统。因此基于 Internet 的 B/S 系统成了一个合适的选择。但 B/S 模式的 GIS 处理面临一系列问题，虽然 ESRI 公司推出了基于 Internet 的 ArcGIS Server 产品，但要达到 C/S 模式下的办公效率和能力，目前还有一段距离。除此之外，各个政府部门自有办公系统的文档、图件的共享、互操作也是要解决的问题之一。例如，房地产商的建房审批，涉及国土、规划、房产等多个部门。

从纵向上看，多级行政单位（如县级和市级）之间需要进行实时监管、数据的实时查看，这种地域间的空间分布，要求它们必须能够实现信息的顺畅交流。另外，当业务处理流程发生变更时，只需要在其上级部门开发一套服务组件，供下级部门使用即可，减少了投资和系统异构的可能性。

城市规划管理部门面对这些新的需求，作者认为有两种方案可以选择：第一，新建一套大规模系统，自上而下在行业中推广；第二，基于各单位现有系统，开发系统间交流的接口。很明显，第一种方案需要推翻现有系统，并且由于空间数据的极大差异性，从中央到地方各级单位间推广同一套软件，难度非常大。而第二种方案在利用现有系统的基础上，既能充分利用当地空间数据基础，又能减少投资，实属最佳方案。

## 7.2　GIS 服务链的解决方案

最早的城市规划管理办公模式采用纸质办公，所有的案卷以纸质方式，由一个部门传递到另一个部门。这样不仅不方便业务办理，而且历史案卷的查询效率也很低。计算机技术的发展和个人计算机应用的普及带动了城市规划业务的办公模式，从纸质办公转变为办公自动化（office automation，OA），这种转变使得规划部门开始了无纸化办公阶段。这时的计算机技术与现在相比较落后，尤其在用户界面体验方面，更是不如现在的微软系列软件。这点对于图形化要求比较严格的 GIS 来讲，严重阻碍了其发展。随后，计算机技术进一步发展，再加上 Internet 技术的普及，已经可以把 GIS 相关理念、数据、功能用计算机表达，此时真正的集图、文、表一体化的规划管理信息系统逐渐出现。

计算机技术与城市规划行业的发展息息相关，计算机技术为推动规划行业办公模式的发展起到了很重要的作用。目前，这一现象又在城市规划行业中有所折射。2000 年后，随着 WebGIS 技术的成熟和推广，城市规划行业急盼有一套软件可以支持 Internet 模式的办公，实现多部门协同办公处理和上下多级部门的办公处理及监管。但当时技术不能满足这种要求。当 OGC 推出了服务链的概念，ESRI 推出了可以支持 Internet 编辑的 ArcGIS Server 产品后，这些需求实现变成了可能。但 ArcGIS Server 对流程的支持远不如工作流灵活。由 7.1 节对规划行业管理的新需求的分析得出结论，基于现有系统开发系统间接口实现系统集成是最佳选择。

作者在综合考虑工作流技术、GIS 技术、规划新需求等方面的因素后，提出了基于工作流技术的 GIS 服务链解决方案，并且验证了 GIS 服务链在城市规划管理信息系统的应用。

针对城市规划行业新需求中的分布式特性，目前的 CORBA、COM/DCOM 等分布式计算对象都支持对其分布式处理。这种技术的处理都是将原有系统中构件，迁移到分布的分布式对象中。以 CORBA 为例，即将原系统的部分功能包装到 CORBA 对象中（Zou and Kontogiannis，2001），在其他系统中再调用 CORBA 对象完成功能。这些分布式对象技术要求服务器端和客户端有明确的同类型、同构架的对等协议，虽然 Java 应用程序可以使用 RMI 与 CORBA 连接，但与 DCOM 却无法通信（蒋继承等，2004）。城市规划行业的新需求只能通过一种 Web 环境下，松耦合的、跨平台的、与语言无关的、与特定接口无关的系统实现，并且能够很好地支持流程化办公。GIS 服务链以 GIS 服务为基础，继承服务松耦合、语言无关等特性，并借鉴了工作流技术，实现了业务流程化办公，因此作者认为 GIS 服务链是解决问题的选择。

加拿大 Waterloo 大学电子与计算机工程系的以 Web 为中心的企业现有系统集成研究，采用 CORBA 包装从现有系统中剥离出来的功能模块，然后利用一个中间层把 CORBA 对象请求包装成 SOAP 信息（MTW，2003）。Noospherics Technologies 公司提出了利用一个 XML 适配器将现有系统包装成 WebService 的工作（Red Oak Software，2003）。国内也有很多学校在做基于 WebService 的研究，其中一些与现有系统集成有关。例如，清华大学自动化系开发了一个基于 Web 服务的企业应用集成系统，它以代理服务器作为应用服务器和现有系统应用之间的中间件。

## 7.2.1　数据的封装

数据的共享从数据本身和数据应用视角有两种不同解决方案：基于通用数据格式规范的数据格式转换和对外提供基于数据的 Web 服务。

通用的数据格式如 XML、GML 和行业数据通用格式，如我国的 VCT 格式，这种基于通用数据格式规范的数据封装其本质是数据格式转换。数据格式转换一方面必须知道原格式和目标格式的规范，另一方面在数据转换过程中存在信息损失。这两个限制在空间数据应用中都至关重要。

城市规划行业中的数据不仅包括规划文本数据，还包括复杂的空间数据。而后一点正体现了规划行业数据和应用的复杂性。对于异构的文本数据，在 IT 行业中给出的解决方案非常多，如基于 XML 格式的组织等。但针对空间数据的复杂性、异构性，目前没有发现非常实用有效的工具。尽管很多研究人员提到了 GML 格式组织数据（本书也有所提及），但 GML 的结构复杂性及数据量大带来的网络传输都是研发难点。随着服务技术的发展，OGC 提出了 WMS、WFS、WCS 等一系列基于数据的服务，这类服务隐藏了数据的异构性，封装了实现的复杂性，并且避免了大量数据在 Internet 上的传输，推动了 GIS 空间数据的集成和应用。因此是本书推荐的集成方法。

图 7-1 是上文提到的分布式 GIS 系统中，数据封装的两种不同方式：XML/GML 文件格式和数据服务方式。系统 B 和系统 A 分别表示上下两级城市规划管理部门的应用系统（假设两个系统在系统架构、采用的 GIS 平台等方面都是异构的）。

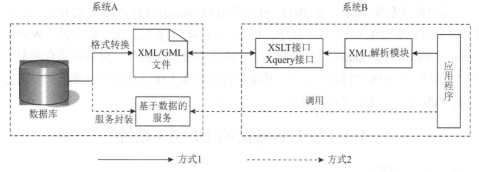

图 7-1　系统 B 对系统 A 数据封装的两种不同方式

XML/GML 格式封装，需要把系统 A 中的数据库内容转换为 XML/GML 格式；在系统 B 中利用 XML 解析模块对 XML/GML 格式文件解析，获得系统 A 中的数据。这种方式通过 XML/GML 数据格式的通用性和共用性实现系统间数据的封装和应用。这种方式在目前带宽较窄的网络状况下，不适合用于传输大量的空间数据。

方式 2 是通过将系统 A 中的数据库连接参数或者数据封装为 Web 服务，供系统 B 调用的方式实现系统间的集成。这是一种松散架构的方式，能够实现异构系统的直接访问。

## 7.2.2　业务流程和功能的封装

在规划行业中，高一级的行政部门可能需要实时查看下一级单位的业务办理现状和数据情况。基于目前上下两级部门的异构应用系统，很难实现这一需求。同时，空间数据的复杂性和办公地点的空间分布性更增加了难度。

GIS 服务链基于服务，并充分利用了 SOAP、WSDL 等与平台无关协议和语言实现接口间通信，这种松散、跨平台特性正是解决城市规划业务新需求的关键。SOAP 规范通过使用 XML 在现有的 Internet 基础上工作，无须特殊构造即可应用于路由器、防火墙和代理服务器，实现了对 Web 应用程序的可靠访问，适合用于分布式 Web 服务环境中交换结构化信息。WSDL 可起到类似于接口定义语言（IDL）的作用，它是服务器与客户端之间的契约，双方必须按契约严格行事才能实现所需功能，WSDL 对 SOAP 的作用就像 IDL 对 CORBA 或 COM 所起的作用一样。

在 GIS 服务链集成模式中，将现有系统的功能和业务流程封装成 Web 服务，供外部程序调用。这种调用可以基于 UDDI 注册中心查找调用，也可以直接根据服务消费者和服务提供者之间的使用协议调用。

针对现有系统中的 COM 组件，可以使用 Microsoft SOAP Toolkit3.0 工具包中的 Microsoft WSDL Generator 程序，自动为 COM 组件生成 WSDL 文件、WSML（web services meta language）文件和一个网络服务监听程序。监听程序有两个版本：ASP 版本和 ISAPI DLL 版本。其他架构的组件采用以功能为划分依据分别封装成 Web 服务，供外部程序调用。

## 7.3　基于服务链的 UPGIS 系统

### 7.3.1　系统架构

作者基于本书前半部分对 GIS 服务链的理论、应用模型、实现技术、集成模型方面进行的研究和探讨，设计并开发了基于工作流技术和 GIS 服务链的 UPGIS 软件系统，UPGIS 系统以城市规划管理的新业务需求为背景，以服务和服务链为业务实现关键技术。图 7-2 为 UPGIS 的系统架构。

从图 7-2 可以看出，UPGIS 自下至上分为系统层、数据层、服务层、服务集成层、应用表现层五层。

系统层是 UPGIS 基于运行的软硬件环境。硬件包括网络设施和网络传输协议；软件除了操作系统软件外，还包括 Oracle 数据库管理软件和 ArcGIS 软件。

数据层是 UPGIS 系统的基础，是服务和服务链处理的数据来源。数据分为文件格式数据和数据库格式数据。数据库格式包括空间数据、规划业务数据、其他系统数据。文件格式数据中，目前系统还只是支持 ESRI Shp 格式、AutoCAD Dwg 格式。这里需要特别说明的是，其他系统数据库是一种空间分布的数据库。

服务层和服务集成层是 UPGIS 系统的核心。服务层提供系统所需服务，在本系统中划分为三类：GIS 相关服务、业务服务和集成服务。GIS 相关服务包括如图 7-2 所示的格式转换服务、投影转换服务、坐标转换服务等。业务服务是业务流程相关服务，如自动批准服务、取相关案卷服务等。集成服务是实现上下多级系统集成的主要服务，各系统用于集成的功能服务接口。

服务集成层中包括 GIS 服务链引擎、工作流引擎、任务管理器。其中，工作流引擎负责与任务管理器和服务链引擎相关交流数据，维护它们的控制数据。工作流引擎是 UPGIS 执行和业务流程办理的主要功能部分。服务链引擎负责管理由服务层中服务构成的服务链的映射和执行。任务管理器是与 Web 表现层直接交互的部分,将用户的操作转换为任务,由任务管理器统一管理、分配。

应用表现层是用户界面的主要构成部分。

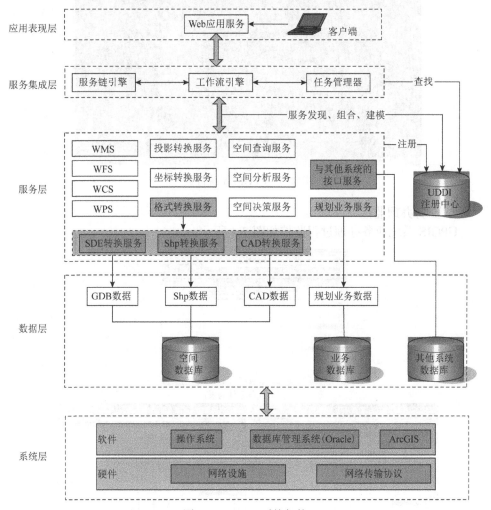

图 7-2   UPGIS 系统架构

## 7.3.2   系统实例

### 1. 业务主界面

UPGIS 系统首页如图 7-3 所示。

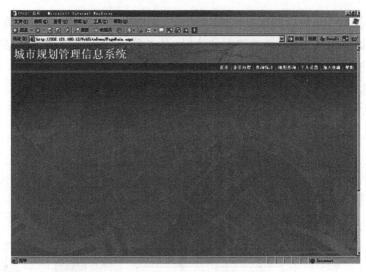

图 7-3　UPGIS 系统首页

## 2. 业务办理监控

UPGIS 系统业务办理过程监控如图 7-4 所示。

(a)业务案件列表

(b)业务办理的流程监控

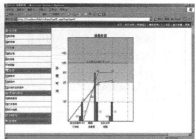

(c)业务办理时间监控

图 7-4　UPGIS 业务办理过程监控

## 3. 图属查询和图形浏览

UPGIS 系统业务办理中的图属查询和图形浏览如图 7-5 所示。

图 7-5　UPGIS 系统业务办理中的图属查询和图形浏览

### 4. 服务链动态建模

UPGIS 支持系统的动态建模，能够根据业务需求的变化，实时更改服务链中的各项配置及服务链中服务的执行顺序，可以有效适用规划业务的变化，具有很好的扩展性和柔性。GIS 服务链动态建模界面如图 7-6 所示。

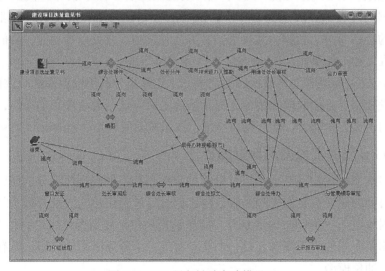

图 7-6　GIS 服务链动态建模界面

## 7.4　基于关系数据库和扩展 ECA 规则的服务链模型

## 设计和实现

服务链模型是现实业务模型转换为计算机处理模型的实现方式。服务链模型实现了现实业务流程的自动化处理，并且充分利用服务链的松散结构和跨平台特性实现了异构系统的集成。从信息处理的角度看，服务链模型不仅要描述业务流程，还要给出业务流程中数据的处理方法描述。现有流程描述语言一般以类脚本语言或宿主程序源码的方式描述数据的处理方法，如 XPDL 描述语言；也有的通过调用外部程序实现。这两种方式涉及与外部应用程序的交互问题，而且针对流程中产生的大量中间数据，类脚本语言显得效率较低。因此，本书提出了以关系数据库描述服务链模型，通过关系数据库中编写存储过程操作中间数据和业务流程中的数据。

基于关系数据库的服务链模型描述，就是将服务链中的各种组成要素和要素间的管理，用数据库二维表格存储；并利用关系数据库内嵌的编程语言（如 Oracle 的 PL/SQL）实现服务链的控制逻辑和应用逻辑，对外表现为一组可供调用的存储过程和函数。从服务链系统开发的角度看，由于服务链模型的描述和部分数据处理存储在关系数据库中，从而能够充分利用关系数据库管理系统本身提供的会话管理、数据一致性维护、事务并发和异常处理等功能，降低了系统开发的难度和工作量。

基于 ECA 规则和关系数据库的建模方法能够充分利用数据库的一致性、完整性、并发控制等方面的成熟技术，提高系统的适应性、灵活性和动态性，并且具有丰富的语义表达能力、实现相对简单、技术成熟等优点（Zimmer，1999）。

### 7.4.1　GIS 服务链模型的数据库设计

UPGIS 系统的服务链模型设计分为抽象模型和实例模型两部分。抽象模型是服务链模型的定义；实例模型是服务链运行时经过实例化的表示流程实际运转过程的数据库定义。在 UPGIS 系统中，服务链模型包括规划行业的"一书两证"业务及其相关业务的流程模型。每一个业务对应一个服务链实例模型，所有的业务对应一个抽象模型。

图 7-7 为 UPGIS 中服务链模型定义的数据库模型。图中各表表名和含义如表 7-1 所示。

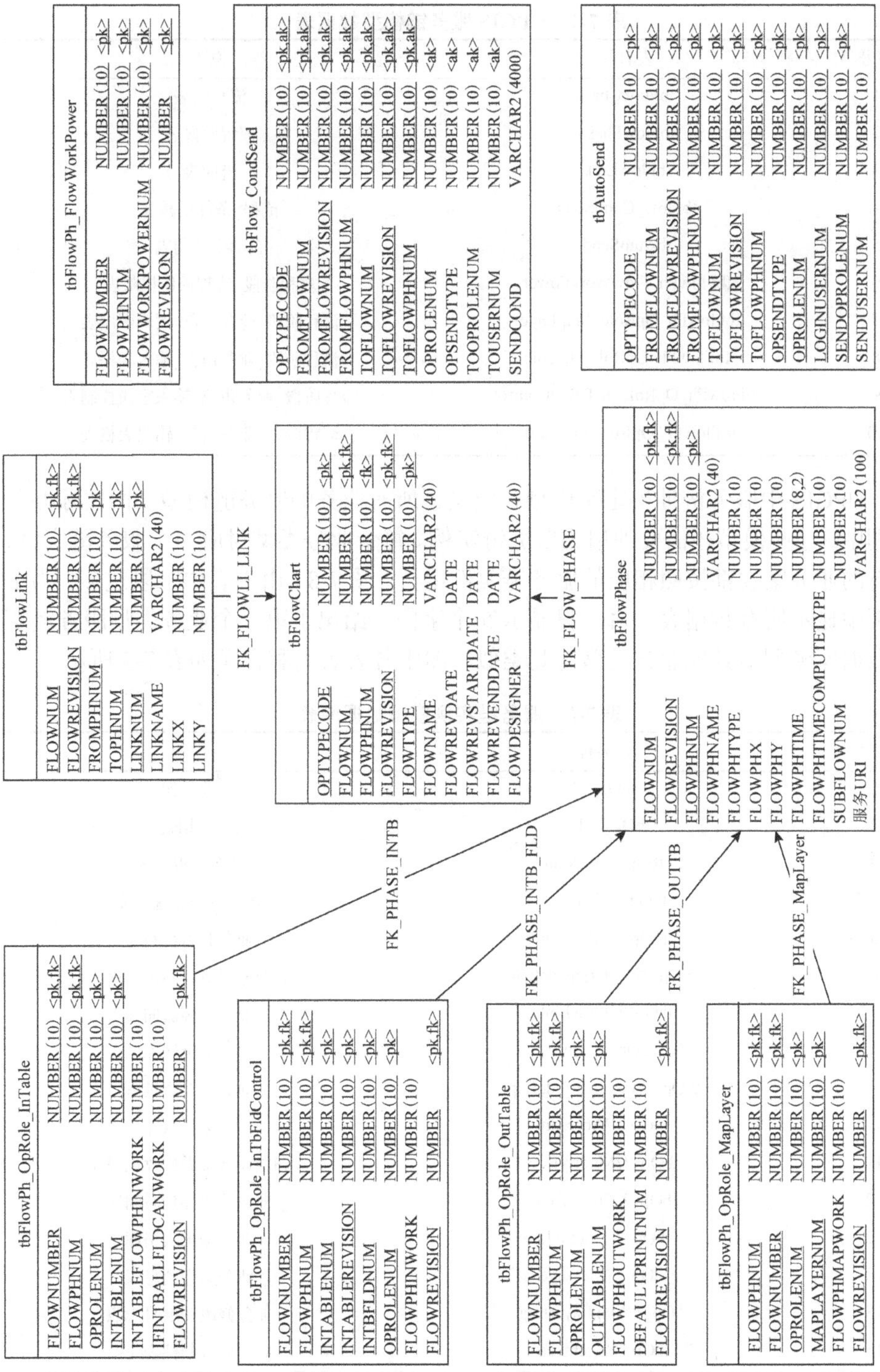

**tbFlowPh_FlowWorkPower**

| | | |
|---|---|---|
| FLOWNUMBER | NUMBER (10) | <pk> |
| FLOWPHNUM | NUMBER (10) | <pk> |
| FLOWWORKPOWERNUM | NUMBER (10) | <pk> |
| FLOWREVISION | NUMBER | <pk> |

**tbFlow_CondSend**

| | | |
|---|---|---|
| OPTYPECODE | NUMBER (10) | <pk,ak> |
| FROMFLOWNUM | NUMBER (10) | <pk,ak> |
| FROMFLOWREVISION | NUMBER (10) | <pk,ak> |
| FROMFLOWPHNUM | NUMBER (10) | <pk,ak> |
| TOFLOWNUM | NUMBER (10) | <pk,ak> |
| TOFLOWREVISION | NUMBER (10) | <pk,ak> |
| OPROLENUM | NUMBER (10) | <ak> |
| OPSENDTYPE | NUMBER (10) | <ak> |
| TOOPROLENUM | NUMBER (10) | <ak> |
| TOUSERNUM | NUMBER (10) | <ak> |
| SENDCOND | VARCHAR2 (4000) | |

**tbAutoSend**

| | | |
|---|---|---|
| OPTYPECODE | NUMBER (10) | <pk> |
| FROMFLOWNUM | NUMBER (10) | <pk> |
| FROMFLOWREVISION | NUMBER (10) | <pk> |
| FROMFLOWPHNUM | NUMBER (10) | <pk> |
| TOFLOWNUM | NUMBER (10) | <pk> |
| TOFLOWREVISION | NUMBER (10) | <pk> |
| OPSENDTYPE | NUMBER (10) | <pk> |
| OPROLENUM | NUMBER (10) | <pk> |
| LOGINUSERNUM | NUMBER (10) | |
| SENDOPROLENUM | NUMBER (10) | |
| SENDUSERNUM | NUMBER (10) | |

**tbFlowLink**

| | | |
|---|---|---|
| FLOWNUM | NUMBER (10) | <pk,fk> |
| FLOWREVISION | NUMBER (10) | <pk,fk> |
| FROMPHNUM | NUMBER (10) | <pk> |
| TOPHNUM | NUMBER (10) | <pk> |
| LINKNUM | NUMBER (10) | <pk> |
| LINKNAME | VARCHAR2 (40) | |
| LINKX | NUMBER (10) | |
| LINKY | NUMBER (10) | |

**tbFlowChart**

| | | |
|---|---|---|
| OPTYPECODE | NUMBER (10) | <pk> |
| FLOWNUM | NUMBER (10) | <pk,fk> |
| FLOWPHNUM | NUMBER (10) | <fk> |
| FLOWREVISION | NUMBER (10) | <pk,fk> |
| FLOWTYPE | NUMBER (10) | |
| FLOWNAME | VARCHAR2 (40) | |
| FLOWREVDATE | DATE | |
| FLOWREVSTARTDATE | DATE | |
| FLOWREVENDDATE | DATE | |
| FLOWDESIGNER | VARCHAR2 (40) | |

**tbFlowPhase**

| | | |
|---|---|---|
| FLOWNUM | NUMBER (10) | <pk,fk> |
| FLOWREVISION | NUMBER (10) | <pk,fk> |
| FLOWPHNUM | NUMBER (10) | <pk> |
| FLOWPHNAME | VARCHAR2 (40) | |
| FLOWPHTYPE | NUMBER (10) | |
| FLOWPHX | NUMBER (10) | |
| FLOWPHY | NUMBER (10) | |
| FLOWPHTIME | NUMBER (8,2) | |
| FLOWPHTIMECOMPUTETYPE | NUMBER (10) | |
| SUBFLOWNUM | NUMBER (10) | |
| 服务URI | VARCHAR2 (100) | |

**tbFlowPh_OpRole_InTable**

| | | |
|---|---|---|
| FLOWNUMBER | NUMBER (10) | <pk,fk> |
| FLOWPHNUM | NUMBER (10) | <pk,fk> |
| OPROLENUM | NUMBER (10) | <pk> |
| INTABLENUM | NUMBER (10) | <pk> |
| INTABLEFLOWPHINWORK | NUMBER (10) | |
| IFINTBALLFLDCANWORK | NUMBER (10) | |
| FLOWREVISION | NUMBER | <pk,fk> |

**tbFlowPh_OpRole_InTbFldControl**

| | | |
|---|---|---|
| FLOWNUMBER | NUMBER (10) | <pk,fk> |
| FLOWPHNUM | NUMBER (10) | <pk,fk> |
| INTABLENUM | NUMBER (10) | <pk> |
| INTABLEREVISION | NUMBER (10) | <pk> |
| INTBFLDNUM | NUMBER (10) | <pk> |
| OPROLENUM | NUMBER (10) | <pk> |
| FLOWPHINWORK | NUMBER (10) | |
| FLOWREVISION | NUMBER | <pk,fk> |

**tbFlowPh_OpRole_OutTable**

| | | |
|---|---|---|
| FLOWNUMBER | NUMBER (10) | <pk,fk> |
| FLOWPHNUM | NUMBER (10) | <pk,fk> |
| OPROLENUM | NUMBER (10) | <pk> |
| OUTTABLENUM | NUMBER (10) | <pk> |
| FLOWPHOUTWORK | NUMBER (10) | |
| DEFAULTPRINTNUM | NUMBER (10) | |
| FLOWREVISION | NUMBER | <pk,fk> |

**tbFlowPh_OpRole_MapLayer**

| | | |
|---|---|---|
| FLOWPHNUM | NUMBER (10) | <pk,fk> |
| FLOWNUMBER | NUMBER (10) | <pk,fk> |
| OPROLENUM | NUMBER (10) | <pk> |
| MAPLAYERNUM | NUMBER (10) | <pk> |
| FLOWPHMAPWORK | NUMBER (10) | |
| FLOWREVISION | NUMBER | <pk,fk> |

关系标记：FK_FLOWLI_LINK、FK_FLOW_PHASE、FK_PHASE_INTB、FK_PHASE_INTB_FLD、FK_PHASE_OUTTB、FK_PHASE_MapLayer

图7-7　UPGIS服务链模型定义的数据库模型

**表 7-1　UPGIS 服务链模型数据表**

| 序号 | 表名称 | 说明 |
|---|---|---|
| 1 | tbFlowChart | 流程图表 |
| 2 | tbFlowPhase | 流程阶段表 |
| 3 | tbFlowLink | 流向表 |
| 4 | tbFlow_CondSend | 流程_条件批转表 |
| 5 | tbAutoSend | 自动批转用表 |
| 6 | tbFlowPh_FlowWorkPower | 流程阶段_流程操作权限表 |
| 7 | tbFlowPh_OpRole_MapLayer | 流程阶段_业务角色_逻辑图层表 |
| 8 | tbFlowPh_OpRole_InTable | 流程阶段_业务角色_输入表格表 |
| 9 | tbFlowPh_OpRole_InTbFldControl | 流程阶段_业务角色_输入字段控制表 |
| 10 | tbFlowPh_OpRole_OutTable | 流程阶段_业务角色_输出表格表 |

　　UPGIS 中服务链抽象定义模型，定义了所有业务的服务链模型。而实际办公处理中，这些模型还需要映射为服务链实例。每个业务类型对应一个服务链实例，所有的业务案卷都按照相应的服务链实例运行。图 7-8（由于表中字段过多，为了整页中显示所有数据表，每表只显示 5 个字段）给出了第一个业务类型服务链实例数据库模型，其他业务类型与此类似。图中各表表名和含义如表 7-2 所示。

**表 7-2　服务链实例模型数据库表**

| 序号 | 表名称 | 说明 |
|---|---|---|
| 1 | tbOp_?? | 业务库 |
| 2 | tbOp_??T?? | 业务明细表库 |
| 3 | tbOp_??PriMan | 业务主办人库 |
| 4 | tbOp_??CurMan | 业务当前处理人库 |
| 5 | tbOp_??Material | 业务必备材料库 |
| 6 | tbOp_??MaterialContent | 业务必备材料内容库 |
| 7 | tbOp_??FlowLink | 业务实际流向库 |
| 8 | tbOp_??Send | 业务批转库 |
| 9 | tbOp_??LeadAttitudeExp | 业务监控意见库 |
| 10 | tbOp_??Accredit | 业务授权库 |
| 11 | tbOp_??ModifyRec | 归档业务案卷修改记录库 |
| 12 | tbOp_??PhaseTime | 业务阶段办理时间库 |
| 13 | tbOp_??OutTable | 业务输出表格库 |
| 14 | tbOp_??Message | 业务案卷消息表 |
| 15 | tbOp_??MapLayerLog | 业务修改图层日志表 |
| 16 | tbOp_??Archives | 业务归档表 |

　　注：??表示用两位数字表示的业务类型编号，不足两位用"0"补位。

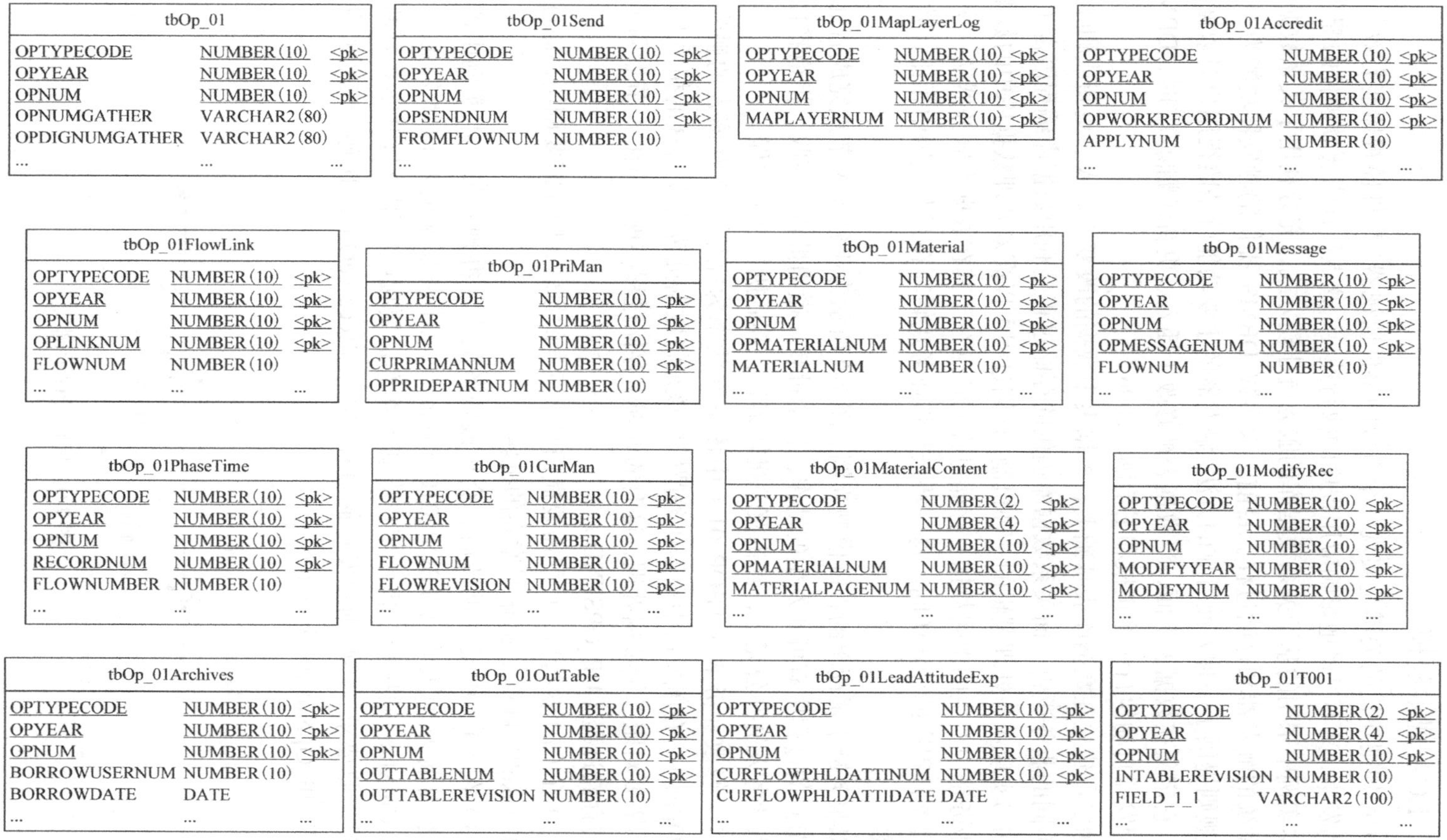

**tbOp_01**

| | | |
|---|---|---|
| OPTYPECODE | NUMBER (10) | <pk> |
| OPYEAR | NUMBER (10) | <pk> |
| OPNUM | NUMBER (10) | <pk> |
| OPNUMGATHER | VARCHAR2 (80) | |
| OPDIGNUMGATHER | VARCHAR2 (80) | |
| ... | | |

**tbOp_01FlowLink**

| | | |
|---|---|---|
| OPTYPECODE | NUMBER (10) | <pk> |
| OPYEAR | NUMBER (10) | <pk> |
| OPNUM | NUMBER (10) | <pk> |
| OPLINKNUM | NUMBER (10) | <pk> |
| FLOWNUM | NUMBER (10) | |
| ... | | |

**tbOp_01PhaseTime**

| | | |
|---|---|---|
| OPTYPECODE | NUMBER (10) | <pk> |
| OPYEAR | NUMBER (10) | <pk> |
| OPNUM | NUMBER (10) | <pk> |
| RECORDNUM | NUMBER (10) | <pk> |
| FLOWNUMBER | NUMBER (10) | |
| ... | | |

**tbOp_01Archives**

| | | |
|---|---|---|
| OPTYPECODE | NUMBER (10) | <pk> |
| OPYEAR | NUMBER (10) | <pk> |
| OPNUM | NUMBER (10) | <pk> |
| BORROWUSERNUM | NUMBER (10) | |
| BORROWDATE | DATE | |
| ... | | |

**tbOp_01Send**

| | | |
|---|---|---|
| OPTYPECODE | NUMBER (10) | <pk> |
| OPYEAR | NUMBER (10) | <pk> |
| OPNUM | NUMBER (10) | <pk> |
| OPSENDNUM | NUMBER (10) | <pk> |
| FROMFLOWNUM | NUMBER (10) | |
| ... | | |

**tbOp_01PriMan**

| | | |
|---|---|---|
| OPTYPECODE | NUMBER (10) | <pk> |
| OPYEAR | NUMBER (10) | <pk> |
| OPNUM | NUMBER (10) | <pk> |
| CURPRIMANNUM | NUMBER (10) | |
| OPPRIDEPARTNUM | NUMBER (10) | |
| ... | | |

**tbOp_01CurMan**

| | | |
|---|---|---|
| OPTYPECODE | NUMBER (10) | <pk> |
| OPYEAR | NUMBER (10) | <pk> |
| OPNUM | NUMBER (10) | <pk> |
| FLOWNUM | NUMBER (10) | <pk> |
| FLOWREVISION | NUMBER (10) | |
| ... | | |

**tbOp_01OutTable**

| | | |
|---|---|---|
| OPTYPECODE | NUMBER (10) | <pk> |
| OPYEAR | NUMBER (10) | <pk> |
| OPNUM | NUMBER (10) | <pk> |
| OUTTABLENUM | NUMBER (10) | |
| OUTTABLEREVISION | NUMBER (10) | |
| ... | | |

**tbOp_01MapLayerLog**

| | | |
|---|---|---|
| OPTYPECODE | NUMBER (10) | <pk> |
| OPYEAR | NUMBER (10) | <pk> |
| OPNUM | NUMBER (10) | <pk> |
| MAPLAYERNUM | NUMBER (10) | <pk> |
| ... | | |

**tbOp_01Material**

| | | |
|---|---|---|
| OPTYPECODE | NUMBER (10) | <pk> |
| OPYEAR | NUMBER (10) | <pk> |
| OPNUM | NUMBER (10) | <pk> |
| OPMATERIALNUM | NUMBER (10) | <pk> |
| MATERIALNUM | NUMBER (10) | |
| ... | | |

**tbOp_01MaterialContent**

| | | |
|---|---|---|
| OPTYPECODE | NUMBER (2) | <pk> |
| OPYEAR | NUMBER (4) | <pk> |
| OPNUM | NUMBER (10) | <pk> |
| OPMATERIALNUM | NUMBER (10) | <pk> |
| MATERIALPAGENUM | NUMBER (10) | |
| ... | | |

**tbOp_01LeadAttitudeExp**

| | | |
|---|---|---|
| OPTYPECODE | NUMBER (10) | <pk> |
| OPYEAR | NUMBER (10) | <pk> |
| OPNUM | NUMBER (10) | <pk> |
| CURFLOWPHLDATTINUM | NUMBER (10) | |
| CURFLOWPHLDATTIDATE | DATE | |
| ... | | |

**tbOp_01Accredit**

| | | |
|---|---|---|
| OPTYPECODE | NUMBER (10) | <pk> |
| OPYEAR | NUMBER (10) | <pk> |
| OPNUM | NUMBER (10) | <pk> |
| OPWORKRECORDNUM | NUMBER (10) | <pk> |
| APPLYNUM | NUMBER (10) | |
| ... | | |

**tbOp_01Message**

| | | |
|---|---|---|
| OPTYPECODE | NUMBER (10) | <pk> |
| OPYEAR | NUMBER (10) | <pk> |
| OPNUM | NUMBER (10) | <pk> |
| OPMESSAGENUM | NUMBER (10) | <pk> |
| FLOWNUM | NUMBER (10) | |
| ... | | |

**tbOp_01ModifyRec**

| | | |
|---|---|---|
| OPTYPECODE | NUMBER (10) | <pk> |
| OPYEAR | NUMBER (10) | <pk> |
| OPNUM | NUMBER (10) | <pk> |
| MODIFYYEAR | NUMBER (10) | <pk> |
| MODIFYNUM | NUMBER (10) | <pk> |
| ... | | |

**tbOp_01T001**

| | | |
|---|---|---|
| OPTYPECODE | NUMBER (2) | <pk> |
| OPYEAR | NUMBER (4) | <pk> |
| OPNUM | NUMBER (10) | <pk> |
| INTABLEREVISION | NUMBER (10) | |
| FIELD_1_1 | VARCHAR2 (100) | |
| ... | | |

图7-8　第一个业务类型服务链实例数据模型图

### 7.4.2 ECA 规则建模

ECA 规则建模的关键是实现一个有效的事件监视器。事件监视器能有效监测事件的发生，又不过多地影响应用程序的执行速度。这点往往需要软硬件的配合。

本实例中采用的基于关系数据库的服务链建模方式，充分利用了关系数据库管理系统的触发器和存储过程。目前，大多数 DBMS 提供的触发器功能为实现 ECA 规则提供了一种方便可靠的方法。触发器的主要功能就是监视用户对数据的修改，它定义在数据表上面，当数据表被修改（插入、更新或删除）时，DBMS 便使触发器自动执行（徐正权和王治国，2006）。

触发器建立在数据库表基础上，根据表中数据的改变（插入、更新或删除）执行不同的业务逻辑。而关系数据库提供的存储过程是利用数据库编程语言（如 PL/SQL）实现业务处理逻辑的一种机制。存储过程可以高效处理数据库中的数据，以及服务链中产生的中间数据。存储过程的特点在于其在数据库服务器端一次编译即可支持程序的任意访问。这一特点与将业务逻辑写在开发代码中相比，效率高得多。

以服务链中最简单的直链模型为例。图 7-9 所示为业务从 A 节点完成后批转到 B 节点的过程中有可能发生的动作，包括批转、撤销批转、签收、拒绝签收。A 节点业务人员办公完毕，点击菜单批转案卷，其后执行以下过程。

（1）修改业务表（TBOP_01）中该案卷状态为完毕，激发该表的触发器（TU_OP01）。在触发器中根据业务逻辑应该是将数据批转给节点 B 的相关人员。此时，需要对服务链数据处理，这时的处理由存储过程实现，即在 A 节点调用业务批转存储过程（UP_OPSEND）。

（2）在（1）执行后，可能需要撤销对该案卷的批转，因此需要调用存储过程 UP_OPTakeBackOne，撤销对案卷的批转。

（3）在（1）中案卷批转后，会更改业务的当前办理人员，本实例中即修改业务当前办理人表（TBOP_01CurMan），对表数据的修改激发触发器 TU_01CurMan 的执行，提示用户有新的案卷需要接收。用户打开案卷判断是否满足接收要求。接收则触发存储过程 UP_OpReceiveOne，拒绝接收则触发存储过程 UP_OpNotReceiveOne。

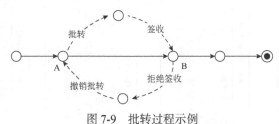

图 7-9　批转过程示例

业务批转过程中用到的存储过程如表 7-3 所示。

**表 7-3　业务批转过程中的存储过程**

| 编号 | 名称 | 说明 |
|---|---|---|
| 1 | UP_OPSEND | 业务批转 |
| 2 | UP_SPECIALSENDOP_SPECIALSEND | 特殊批转中的特批 |
| 3 | UP_SPECIALSENDOP_RETURNTOUSER | 特殊批转中的返回用户 |
| 4 | UP_SPECIALSENDOP_RETURNOP | 特殊批转中的退文 |
| 5 | UP_SPECIALSENDOP_POSTPONED | 特殊批转中的缓办 |
| 6 | UP_OPSENDLIMIT_?? | 业务批转限制条件,最后两位为业务类型编号 |
| 7 | UP_OPTAKEBACKONE | 用于撤销批转单一案卷,通过调用 UP_OPTAKEBACKACT 实现 |
| 8 | UP_OPTAKEBACKACT | 用于撤销批转单一案卷的具体操作 |
| 9 | UP_OPRECEIVEAUTO | 自动签收所有符合条件的案卷 |
| 10 | UP_OPRECEIVEONE | 用于签收单一案卷,通过调用 UP_OPRECEIVEACT 实现 |
| 11 | UP_OPRECEIVEACT | 用于签收单一案卷的具体操作 |
| 12 | UP_OPNOTRECEIVEONE | 用于拒绝签收单一案卷,通过调用 UP_OPNOTRECEIVEACT 实现 |
| 13 | UP_OPNOTRECEIVEACT | 用于拒绝签收单一案卷的具体操作 |

### 7.4.3　服务链模型的实例

图 7-10 为服务链中辅链的一个实例。其中涉及市政设计意见辅流程是相对应

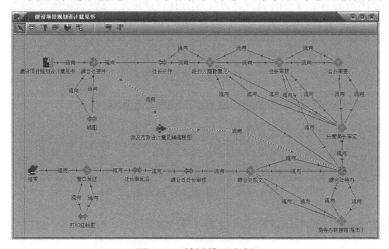

图 7-10　辅链模型实例

的流程组合的辅助办理过程，当这两个流程在"综合处待办"节点会合后，业务再继续办理。

## 7.5 基于工作流技术的 GIS 服务链执行追踪与监控实现

UPGIS 基于工作流技术并结合承诺制时间办公，实现了 GIS 服务链执行的追踪与监控。主要表现在以下几个方面。

### 7.5.1 承诺制办公时间设定

随着政府公信和透明化办公的需求，以及单位绩效考核的需要，UPGIS 中提出了办公承诺制时间的概念。承诺制时间是指在国家法定工作日前提下，业务类型规定的承诺办理时间和每一阶段的承诺办理时间。UPGIS 提供了承诺制时间维护和承诺制时间的设置。

承诺制时间维护是指国家法定工作日时间的维护（图 7-11）。

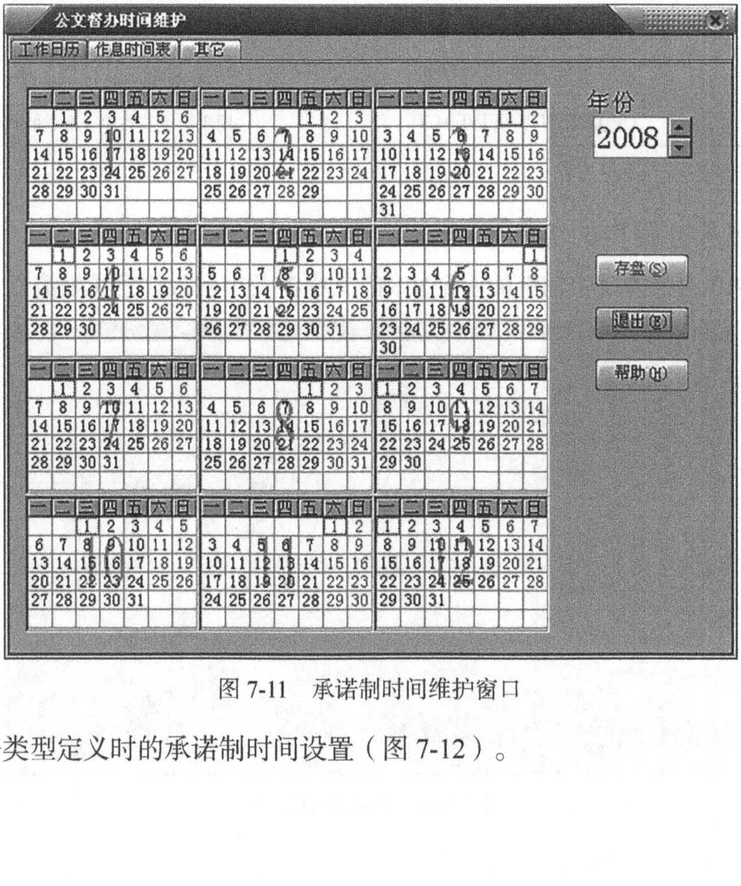

图 7-11　承诺制时间维护窗口

业务类型定义时的承诺制时间设置（图 7-12）。

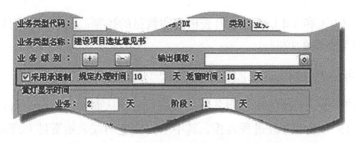

图 7-12　业务类型定义时的承诺制时间设置

承诺制时间的计算方法在 GIS 服务链模型的节点参数设置中（图 7-13）。

图 7-13　承诺制时间计算方法设置

## 7.5.2　表格字段级权限控制和打印数量监控

在 UPGIS 中可以实现输出表格打印数量和输入表格字段级权限控制，这种方式实现了数据的保密和安全性。图 7-14 中（a）和（c）即是对输入表格字段级权

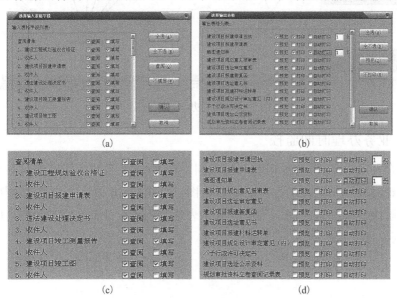

图 7-14　字段级权限控制和打印数量控制

限的控制；（b）和（d）是对输出表格打印数量的控制。这些控制均是系统建模时在服务链节点级的控制。

### 7.5.3　业务办理过程追踪监控

在 UPGIS 中，系统能追踪服务链的执行过程，从而实现系统执行过程的可追溯性。图 7-15 为案卷办理过程监控，其中不同颜色的线表示案件办理流程的不同状态。

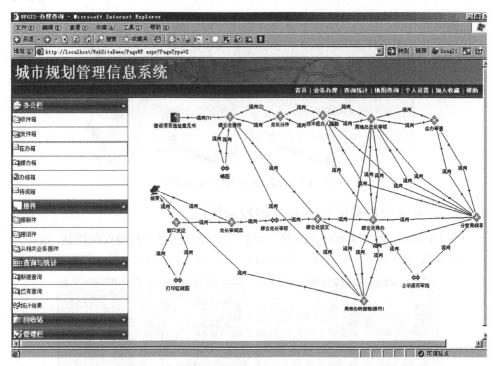

图 7-15　案卷办理过程监控

### 7.5.4　业务办理时间监控

结合 UPGIS 提供的承诺制时间机制，在 UPGIS 系统中能够实时查看案卷的总办理时间和每阶段的办理时间甘特图。如图 7-16 所示，其中左侧柱子表示流程阶段实际办理时间，为了可视化表达，用小于 0.5 单位时间的高度表示 0.0 时间。

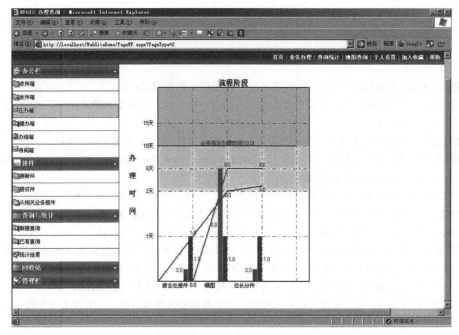

图 7-16　业务办理时间甘特图

# 7.6　本章小结

处于我国经济和科学快速发展期的城市规划行业突发猛进，对城市规划管理理念、方法和模式提出了新的要求。传统的基于组件式的 GIS 城市规划管理系统已经不能满足需求。本章首先分析了城市规划行业的新需求，并提出基于 GIS 服务链的解决方案，还对 GIS 服务链方案中的数据封装和业务流程封装进行了论述。

基于前面各章节对 GIS 服务链理论、技术、应用模型等方面的研究，作者实现了一个基于 GIS 服务链和工作流技术的城市规划管理信息系统（UPGIS）的实验系统。本章在介绍了 UPGIS 系统的体系结构和应用实例后，重点介绍了 UPGIS 中基于关系数据库和扩展 ECA 规则的服务链模型设计和实现，以及基于工作流技术的 GIS 服务链执行追踪与监控。

本章通过论述 UPGIS 实验系统，验证了 GIS 服务链在城市规划管理领域中集成应用的可行性，同时验证了基于关系数据库和 ECA 规则的服务链建模方法。

# 参 考 文 献

蔡晓兵. 2003. 数据共享和互操作的新思路[J]. 地理信息世界, 1(2): 48.

曹化工, 杨曼红. 2001. 基于对象 Petri 网的工作流过程定义[J]. 计算机辅助设计与图形学学报, (01): 13-18.

柴晓路, 梁宇齐. 2003. Web Services 技术、架构和应用[M]. 北京: 电子工业出版社.

柴晓路, 阮文俊. 2001. UDDI 技术白皮书[EB/OL]. http://www.ibm.com/developerworks/cn/xml/specification/index2.html. 2008.

陈华斌. 2005. 面向服务体系结构的地理信息服务研究[D]. 北京: 中国科学院研究生院.

陈俊杰, 邹友峰. 2005. GIS 空间数据质量评价软件设计探讨[J]. 矿山测量, (3): 10-12.

陈述彭, 鲁学军, 周成虎. 1999. 地理信息系统导论[M]. 北京: 科学出版社.

陈翔. 2003. 基于广义随机 Petri 网的工作流性能分析[J]. 计算机集成制造系统, 9(5): 399-402.

陈翔, 刘军丽. 2007. ECA 规则在工作流管理系统中的应用[J]. 计算机工程, 33(13): 65-67.

陈学业, 郭仁忠. 2003. 基于组件式 GIS 的工作流模型[J]. 测绘工程, 12(01): 24-40.

崔巍, 李德仁. 2005. 基于本体与 LDAP 的空间信息网格资源管理机制[J]. 武汉大学学报(信息科学版), 30(6): 549-552.

党安荣, 王晓栋, 陈晓峰, 等. 2003. ERDAS IMAGINE 遥感图像处理方法 [M]. 北京: 清华大学出版社.

杜启军, 肖创柏. 2007. 基于 Petri 网的工作流建模的研究[J]. 华北科技学院学报, 4(3): 84-86.

范玉顺. 2001. 工作流管理技术基础[M]. 北京: 清华大学出版社.

高娟, 姜利群. 2006. 基于 WSFL 的 Web 服务组合[J]. 计算机工程与设计, (09): 1652-1655.

高维. 2006. 面向用户的服装 CAD 软件系统评价模型研究[J]. 天津工业大学学报, 25(6): 85-88.

高晓燕, 余镇危, 史银龙. 2007. 基于 QoS 的 P2P 网络服务组合的算法[J]. 计算机工程与设计, 28(16): 3870-3872.

高勇, 刘宇, 王永乾. 2002. 基于 OpenGIS 的空间信息工作流管理系统框架研究[J]. 地理与地理信息科学, (04): 28-32.

龚健雅, 杜道生, 李清泉, 等. 2004a. 当代地理信息技术[M]. 北京: 科学出版社.

龚健雅, 贾文珏, 陈玉敏, 等. 2004b. 从平台 GIS 到跨平台互操作 GIS 的发展[J]. 武汉大学学报(信息科学版), 29(11): 985-989.

龚小勇. 2007. 基于 UDDI 分类架构实现 Web 服务的 QoS[J]. 重庆职业技术学院学报, 16(3): 152-154.

龚晓庆. 2004. 基于 Web 服务的分布式工作流管理系统研究[D]. 西安: 西北大学.

韩宇星, 马冬梅, 李林. 2007. 工作流技术与 Web 服务[J]. 河南教育学院学报(自然科学版), 16(4): 40-44.

何江. 2004. 分布式环境下面向服务的海量地理数据共享研究[D]. 杭州: 浙江大学.

侯贵法, 王成耀. 2007. Web 服务 QoS 组合优化研究[J]. 微计算机信息(管控一体化), 23(2-3): 86-88.

胡锦敏, 张申生, 余新颖. 2002. 基于 ECA 规则和活动分解的工作流模型[J]. 软件学报, 13(4): 761-767.

黄才文. 2005. 基于服务流的公文流转系统研究[D]. 昆明: 昆明理工大学.

黄裕霞. 2003. Clearinghouse(数据交换中心)与数字化地理信息共享[J]. 遥感信息, (1): 28-30.

贾文珏. 2005. 分布式 GIS 服务链集成关键技术[D]. 武汉: 武汉大学.

贾文珏. 2006. GIS 服务和 GIS 服务链研究[J]. 国土资源信息化, (4): 33-38.

贾文珏, 李斌, 龚健雅. 2005. 基于工作流技术的动态 GIS 服务链研究[J]. 武汉大学学报(信息科学版), (11): 982-985.

江涛. 2006. 基于 QoS 的 Web Services 发现[D]. 太原: 太原理工大学.

江泳, 方裕. 2004. 基于 Web Service 的空间数据共享平台[J]. 地理与地理信息科学, (05): 1-5.

姜跃平, 董继润. 1994. 完整性约束规则的自动生成[J]. 计算机科学, (04): 52-56.

蒋继承, 庄成三, 吴志诚. 2004. 用 soap 和 wsdl 实现异质应用系统的无缝衔接[J]. 计算机应用, (02): 146-148.

景玉钢. 2007. 基于 UML 活动图的工作流建模研究[D]. 哈尔滨: 哈尔滨工程大学.

靖常峰, 刘仁义, 刘南. 2005. 大数据量遥感图像处理系统算法模块的设计及实现[J]. 浙江大学学报(理学版), 32(04): 471-474.

黎立. 2005. 基于关系数据库的工作流引擎设计[D]. 重庆: 重庆大学.

李德仁. 2003. 论 21 世纪遥感与 GIS 的发展[J]. 武汉大学学报(信息科学版), (02): 127-131.

李峰, 郭玉钗, 林宗楷. 2000. 工作流管理系统中协同建模技术研究[J]. 计算机辅助设计与图形学学报, (11): 810-812.

李红臣, 史美林. 2003. 工作流模型及其形式化描述[J]. 计算机学报, (11): 1456-1463.

李慧芳, 范玉顺. 2004. 基于时间 Petri 网的工作流模型分析[J]. 软件学报, 15(1): 17-26.

李建强, 范玉顺. 2003. 一种工作流模型的性能分析方法[J]. 计算机学报, 26(5): 513-523.

李建任, 朱美正, 李欣. 2004. 基于 WebServices 的空间地理信息服务[J]. 计算机工程与应用, (30): 172-204.

李满春, 高月明. 2004. 基于工作流和 GIS 的土地利用规划管理信息系统体系结构研究[J]. 现代测绘, (05): 3-5.

李强. 2004. 基于服务流的一站式电子政务平台的研究[D]. 哈尔滨: 哈尔滨工程大学.

李伟. 2005. 协同 GIS 理论模型与技术研究[D]. 杭州: 浙江大学.

李新通, 何建邦. 2003. GIS 互操作与 OGC 规范[J]. 地理信息世界, (05): 23-28.

林闯. 2001. 计算机网络和计算机系统的性能评价[M]. 北京: 清华大学出版社.

刘飚, 蔡淑琴, 郑双怡. 2005. 业务流程评价指标体系研究[J]. 华中科技大学学报(自然科学版), 33(4): 112-114.

刘博, 范玉顺. 2008. 面向服务的工作流性能评介及指标相关度分析[J]. 计算机集成制造系统, 14(1): 160-166.

刘书雷. 2006. 基于工作流的空间信息服务聚合技术研究[D]. 长沙: 国防科学技术大学.

刘书雷, 刘云翔, 唐宇, 等. 2007. 基于工作流的空间信息服务动态聚合技术研究[J]. 计算机科学, 34(3): 126-128.

刘卫国. 2003. 一种信息系统的评价模型及其实现[J]. 计算机应用, 23(1): 33-35.

刘新瑜, 朱卫东. 2005. 基于过程挖掘的工作流性能分析[J]. 计算机应用, 25(4): 915-918.

刘杨. 2007. 透视 bpel 及其应用[J]. 网络与信息, (05): 73.

刘怡, 张子刚, 张戡. 2007. 工作流模型研究述评[J]. 计算机工程与设计, 28(2): 448-451.

刘云生. 2006. Petri 网工作流建模及工作流管理系统 Flowstep 任务引擎[D]. 天津: 天津大学.

卢亚辉, 杨崇俊. 2003. 基于 Web Service 的 WebGIS 系统的研究[J]. 计算机工程与应用, (25): 153-159.

鲁琳. 2006. 面向服务质量的服务组合方法研究[D]. 杭州: 浙江大学.

闾国年, 张书亮, 龚敏霞. 2003. 地理信息系统集成原理与方法[M]. 北京: 科学出版社.

吕玉明, 王红. 2007. 基于 QOS 计算的 web 服务匹配研究[J]. 科技信息(科学教研), (23): 30-32.

潘爱民. 1999. COM 原理及应用[M]. 北京: 清华大学出版社.

彭钰, 徐俊杰, 朱曦, 等. 2006. 基于 Petri 网的公文流转工作流的建模[J]. 计算机与数字工程, 34(3): 66-90.

全国人民代表大会常务委员会. 2000. 中华人民共和国草原法[EB/OL]. http://www. npc. gov. cn/wxzl/gongbao/2000-12/06/content 5004459. htm.

任志考, 胡强. 2007. 基于 ECA 规则的工作流建模[J]. 信息技术, (7): 116-118.

施荣荣, 常庆龙. 2015. 主动协商式 Web 服务注册机制[J]. 指挥信息系统与技术, (01): 75-81.

宋军, 胡乃静, 罗永强. 2003. 从工作流网向 ECA 规则的转换[J]. 小型微型计算机系统, 24(9): 1693-1696.

宋丽, 艾迪明. 2007. 基于 Petri 网的 ECA 规则建模[J]. 北京科技大学学报, 29(10): 1064-1068.

孙健, 张鹏. 2004. 基于 Petri 网的 Web 服务流语言(WSFL)建模与分析[J]. 小型微型计算机系统, (07): 1382-1386.

孙毅中, 张镒, 周晟. 2004. 城市规划管理信息系统[M]. 北京: 科学出版社.

唐大仕. 2003. 空间信息 Web Services 若干关键技术研究[D]. 北京: 北京大学.

唐大仕, 邬伦, 张晶. 2001. 基于 CORBA 组件技术的 GIS 系统[J]. 地理学与国土研究, (04): 30-34.

万程鹏. 2007. 基于 Petri 网的工作流建模方法研究[D]. 武汉: 武汉科技大学.

万和平. 2005. 工作流 Petri 网模型建模与分析评价方法研究[D]. 武汉: 华中科技大学.

王海顺, 吴鹏. 2005. 工作流性能评价方法[J]. 安阳师范学院学报, (2): 74-76.

王浒, 李琦, 承继成. 2004. 数字城市元数据服务体系的研究和实践. 北京大学学报(自然科学版), 40(1): 107-115.

王华敏, 边馥苓. 2004. 基于微工作流的可扩展 GIS 模型研究[J]. 武汉大学学报(信息科学版), (02): 127-131.

王利霞. 2007. 工作流参考模型分析[J]. 电脑应用技术, (71): 30-34.

王兴玲. 2002. 基于 XML 的地理信息 Web 服务研究[D]. 北京: 中国科学院研究生院.

邬群勇. 2006. 面向服务的空间信息组织与应用集成研究[D]. 北京: 中国科学院研究生院.

巫丹丹, 李冠宇, 于水明. 2007. 面向服务的 Web 异构数据集成体系结构研究[J]. 计算机与数字工程, 35(8): 35-38.

吴芳华, 张跃鹏, 金澄. 2001. GIS 空间数据质量的评价[J]. 测绘学院学报, 18(1): 63-66.

吴际, 金茂忠. 2002. UML 面向对象分析[M]. 北京: 北京航空航天大学出版社.

吴鹏, 胡强, 刘国柱. 2007. 基于约束有向图面向 XML 的工作流建模[J]. 青岛科技大学学报

（自然科学版），28（3）：240-243.

吴信才. 2004. 新一代 Map GIS[J]. 地理信息世界，(02)：3-7.

肖志娇，常会友，衣杨. 2006. 工作流时间性能分析方法[J]. 计算机集成制造系统，12（8）：1284-1287.

徐正权，王治国. 2006. 基于 ECA 规则的工作流过程建模[J]. 计算机工程与科学，28（5）：105-109.

许文韬. 2003. Web Service 技术及其运行机制与 QoS 问题研究[D]. 上海：华东师范大学.

杨超伟，李琦，承继成. 2000. 遥感影像的 Web 发布研究与实现[J]. 遥感学报，4（1）：71-75.

杨胜文，史美林. 2005. 一种支持 QoS 约束的 Web 服务发现模型[J]. 计算机学报，28（4）：589-594.

游兰. 2015. 云环境下空间信息服务组合的自治愈关键技术研究[D]. 武汉：武汉大学.

于海龙，邬伦，刘瑜，等. 2006. 基于 Web Services 的 GIS 与应用模型集成研究[J]. 测绘学报，(02)：153-159.

岳晓丽，杨斌，郝克刚. 2000. 信牌驱动式工作流计算模型[J]. 计算机研究与发展，(12)：1513-1519.

詹应乐，马如坤，方涛. 2005. 私有 UDDI 注册中心的第三方分类法的设计与实现[J]. 微型电脑应用，21（12）：10-12.

张春海，李忠星. 2007. 基于扩展 ECA 的分布式工作流研究与应用[J]. 计算机工程，(20)：78-82.

张雷，徐建良，徐建军. 2008. 工作流建模中的逻辑关系分析及实现[J]. 微计算机信息（管控一体化），24（2-3）：22-24.

张雪松，边馥苓. 2004. 基于工作流的协同空间决策支持系统的研究[J]. 武汉大学学报（信息科学版），(10)：877-880.

张周，宋高，张立本，等. 2004. 基于活动网络模型的工作流管理系统与 GIS 的集成[J]. 测绘技术装备，(01)：8-19.

赵卓，赵欣. 2006. RMI 的分布式对象技术研究[J]. 微计算机信息（管控一体化），22（33）：231-233.

郑春梅. 2014. 城市管网空间信息共享与服务平台关键技术研究. 北京：中国地质大学.

郑晓霞，王建仁. 2007. 基于 QoS 的 Web 服务发现模型研究[J]. 情报科学，25（2）：249-253.

中华人民共和国国务院. 2000. 中华人民共和国森林法实施条例[EB/OL]. http://www. forestry. gov. cn/main/3950/content-459869. html.

周文生. 2002. 基于 XML 的开放式万维网地理信息系统的理论与实践[D]. 武汉：武汉大学.

朱家饶，刘大成，佟巍. 2005. 基于流程的制造绩效评价体系研究[J]. 计算机集成制造系统，11（3）：438-445.

Aditya T, Lemmens R. 2003. Chaining Distributed GIS Services[EB/OL]. www.itc. nl/library/papers_2003/non_peer_conf/aditya. pdf.

Alameh N. 2002. Service Chaining of Interoperable Geographic Information Web Services[EB/OL]. http://web.mit.edu/nadinesa/www/paper2. pdf.

Alameh N. 2003. Chaining geographic information Web services[J]. IEEE Internet Computing, 7（5）：22-29.

Alonso G, Abbadi A E. 1994. Cooperative modeling in applied geographic research[J]. International Journal of Intelligent and Cooperative Information Systems, 3 (1): 83-102.

Alonso G, Hagen C. 1997. Geo-Opera: Workflow concepts for spatial processes[C]. Proceedings of the 5th International Symposium on Spatial Databases (SSD'97): 238-258.

Anderson C, Rothermich J A, Bonabeau E. 2005. Modeling, quantifying and testing complex aggregate service chains[C]. Rothermich J A, eds. Proceedings of the IEEE International Conference on Web Services IEEE Computer Society: 274-281.

Atkinson R, Berre A J. 2002. Architectural Patterns in Open GIS Web Services[EB/OL].www.omg. org/news/meetings/workshops/presentations/WebServices_2002/11-1_Atkinson-Berre-ArchPatt OpenGISWS2. pdf.

Bellwood T. 2002. Understanding UDDI[EB/OL].http://www-128.ibm.com/developerworks/library/ ws-featuddi/index. html.

Belmabrouk K, Bendella F, Bouzid M. 2016. Multi-agent based model for web service composition[J]. International Journal of Advanced Computer Science and Applications, 7 (3): 144-150.

Bernard L, Einspanier U, Lutz M, et al. 2003. Interoperability in GI Service CHAINS–THE Way Forward[C]. Proceedings of the 6th AGILE, Lyon, France: 179-187.

Bray T, Paoli J, Sperberg-McQueen C M. 2004. Extensible Markup Language (XML) 1. 1[EB/OL]. http://www. w3. org/TR/2004/REC-xml11-20040204/.

Castronova A M, Goodall J L, Elag M M. 2013. Models as web services using the Open Geospatial Consortium (OGC) Web Processing Service (WPS) standard[J]. Environmental Modelling and Software, 41: 4172-4183.

Chakravarthy S, Krishnaprasad V, Anwar E, et al. 1994. Composite events for active databases: semantics, contexts and detection[C]. Proceedings of the 20th International Conference on Very Large Data Bases: 606-617.

Chen L, Chen G C, Wang S Q. 2001. Character-based consistency maintenance in Web-based real-time cooperative edit system[C]. Proceedings of International Conferences on Info-tech and Info-net 2001 (ICII 2001). Beijing: 112-118.

Chen L, Li M, Cao J. 2006. ECA rule-based workflow modeling and implementation for service composition[J]. IEICE Transactions on Information and Systems, E89-D (2): 624-630.

Clark M. 2001. UDDI-the weather report[EB/OL]. http://www. webservicesarchitect. com/content/ articles/clark04. asp.

Crawley E, Nair R, Rajagopalan B, et al. 1998. RFC 2386: A framework for QoS-based routing in the Internet[EB/OL]. http://tools. ietf. org/html/rfc2386. html.

Di L, Zhao P, Yang W, et al. 2005. Intelligent geospatial Web services[C]. Proceedings of IEEE Geoscience and Remote Sensing Symposium IEEE Computer Society: 1229-1232.

Einspanier U, Lutz M, Senkler K, et al. 2003. Toward a process model for GIservice composition[J]. GI-Tage (GI Days): 31-46.

ESRI. 2004. ArcGIS 9 Geoprocessing in ArcGIS, ArcGIS 9 软件附带文档.

Geppert A, Tombros D, Dittrich K R. 1998. Defining the semantics of reactive components in event-driven workflow execution with event histories[J]. Information Systems, 23(3-4): 235-252.

Giese H, Wirtz G. 2001. The OCoN approach for object-oriented distributed software systems modeling[J]. Computer Systems Science and Engineering, 16(3): 157-172.

Goh A, Koh Y K, Domazet D S. 2001. ECA rule-based support for workflows[J]. Artificial Intelligence in Engineering, 15(1): 37-46.

Gong J, Geng J, Chen Z. 2015. Real-time GIS data model and sensor web service platform for environmental data management[C]. International Journal of Health Geographics, (14): 2.

Grudin J. 1988. Why CSCW Applications Fail: Problems in the design and evaluation of organizational interfaces[C]. Proceedings of the Conference on Computer-Supported Cooperative Work: 85-93.

Gunther O, Muller R. 1999. From GISystems to GIServices: Spatial Computing on the Internet Marketplace[M]//Interoperating Geographic Information Systems. Boston, MA: Kluwer Academic Publishers: 427-442.

Hanson E N. 1992. Rule condition testing and action execution in Ariel[C]. Proceedings of the 1992 ACM SIGMOD international conference on Management of data. New York, USA: ACM: 49-58.

Hutchison D, Coulson G, Campbell A, et al. 1994. Quality of service management in distributed systems[J]. Network and Distributed Systems Management: 273-303.

Ishikawa P, Kubota P. 1993. An active object-oriented database: a multi-paradigm approach to constraint management [C]. Proceedings of the 19th International Conference on Very Large Data Bases. San Francisco: Morgan Kaufmann Publishers Inc: 467-478.

ISO19119, OGC. 2002. Top12: Topic 12 "System Architecture"[EB/OL]. http://www. opengis.·org/ techno/abstract. htm.

ISO 9000. 2002. International Organization for Standardization[EB/OL]. http://www. iso. ch/iso/en/ iso9000/iso9000index. html.

Itala T, Virtanen A, Mikola T, et al. 2005. Seamless service chains and information processes[C]// Virtanen. Proceedings of the 38th Annual Hawaii International Conference on System Sciences (HICSS'05). Washington, DC USA: IEEE Computer Society: 155b.

Jaeger M C, Rojec-Goldmann G, Muhl G. 2004. QoS aggregation for Web service composition using workflow patterns[C]//Rojec-Goldmann G. Proceedings of the Enterprise Distributed Object Computing Conference, Eighth IEEE International. Washington, DC USA: IEEE Computer Society: 149-159.

Jaeger M C, Rojec-Goldmann G, Muhl G. 2005. QoS aggregation in Web service compositions[C]. Proceedings of the 2005 IEEE International Conference on e-Technology, e-Commerce and e-Service (EEE'05). Washington, DC USA: IEEE Computer Society: 181-185 .

Jing C, Liu R, Liu N, et al. 2007. Application of real-time cooperative editing in urban planning management system[C]. Geoinformatics 2007: Geospatial Information Technology and Applications SPIE. Bellingham WA, WA 98227-0010, United States: 675434.

Kacmar C, Carey J, Alexaander M. 1998. Providing workflow services using a programmable hypermedia environment[J]. Information and Software Technology, 40(7): 381-396.

Kim S M, Rosu M C. 2004. A Survey of Public Web Services[C]. Proceedings of the 13th international World Wide Web conference on Alternate track Papers & Posters. New York, USA: ACM Press: 321-313.

Langner P, Schneider C, Wehler J. 1998. Petri net based certification of event-driven process chains[C]. Proceedings of the 19th International Conference on Application and Theory of Petri Nets. London, UK: Springer-Verlag: 286-305.

Lemmens R. 2006. Semantic interoperability of distributed geo-services[D]. Enschede, The Netherlands: International Institute for Geo-Information Science and Earth Observation (ITC).

Lemmens R, Arenas H. 2004. Semantic matchmaking in geo service chains: reasoning with a location ontology[C]. Proceedings of the Database and Expert Systems Applications, 15th International Workshop. Washington, DC USA: IEEE Computer Society: 797-802.

Lemmens R, Wytzisk A, By R D, et al. 2006. Integrating semantic and syntactic descriptions to chain geographic services[J]. Internet Computing, IEEE, 10(5): 42-52.

Litwin W, Mark L, Roussopoulos N. 1990. Interoperability of multiple autonomous databases[J]. ACM Computing Surveys (CSUR), 22(3): 267-293.

Liu Y, Ngu A H, Zeng L. 2004. QoS computation and policing in dynamic web service selection[C]. Proceedings of the 13th international World Wide Web conference on Alternate Track Papers & Posters. New York, United States: ACM Press: 66-73.

Luo C, Ning J. 2004. A dynamic data structure for geospatial Web services integration[C] //Ning J. Proceedings of the IEEE International Conference on Web Services. Washington, DC USA: IEEE Computer Society: 800-803.

Menasce D A. 2002. QoS issues in web services[J]. IEEE Computer Society, 6(6): 72-75.

Microsoft. 1996. Inside COM[M]. Microsoft Press.

MTW C. 2003. Legacy Wrapping In a Component Architecture[EB/OL]. http://www. edgeusergroup. org/cbd/docs/legacy warapper. pdf.

OASIS. 2008. http://www. oasis-open. org/committees/uddi-spec/doc/tcspecs. htm.

OpenGIS C. 1998. OpenGIS Simple Features Specification For CORBA[EB/OL]. https://portal. opengeospatial. org/files/?artifact_id=834.2006.

OpenGIS C. 1999. OpenGIS Abstract Specification, Topic 6: The Coverage Type and Its Subtypes, document 00-106[EB/OL]. http://www. opengis. org/techno/abstract/00-106. pdf.

OpenGIS C. 2003a. OpenGIS Web Services Architecture[EB/OL]. http://portal.opengeospatial. org/files/?artifact_id=1320.

OpenGIS C. 2003b. OWS 1. 2 UDDI Experiment[EB/OL]. http://portal.opengeospatial. org/files/ index. php?artifact_id=1317.

OpenGIS C. 2005. The OGC   Abstract Specification Topic 0: Abstract Specification Overview[EB/OL]. http://portal. opengeospatial.org/files/?artifact_id=7560.

Orfali R, Harkey D. 2004. Client/Server Programing with Java and CORBA[M]. 北京: 电子工业 出版社.

Park S, Wagner D F. 1997. Incorporating CA simulators as analytical engines in GIS[J]. Transactions in GIS, (2): 213-231.

Ran S. 2003. A model for web services discovery with QoS[J]. ACM SIGecom Exchanges, 4(1): 1-10.

Pender T. 2004. UML Bible[M]. 耿国桐, 译. 北京: 电子工业出版社.

Red Oak Software. 2003. Legacy Transaction Integration in a Service-Oriented Architecture [EB/OL]. http://whitepapers. zdnet. co.uk/0, 1000000651, 260276491p, 00. htm.

Rumbaugh J, Jacobson I, Booch G. 1999. The unified modeling language reference manual[M]. New York: Addison Wesley Longman Inc.

Schade S, Sahlmann A, Lutz M, et al. 2004. Comparing approaches for semantic service description and matchmaking[C]. Proceedings of Conference On the Move to Meaningful Internet Systems: CoopIS, DOA, and ODBASE. London, UK: Springer-Verlag: 1062-1079.

Simon E, Kotz-Dittrich A. 1995. Promises and realities of active database systems[C]. Proceedings of the 21th International Conference on Very Large Data Bases. San Francisco, CA USA: Morgan Kaufmann Publishers Inc: 642-653.

Sivaraman E, Kamath M. 2002. On the use of petri nets for business process modeling[C]. Proc. of the 11th Annual Industrial Engineering Research Conference: 134-152.

Slama D, Garbis J, Russell P. 2001. Enterprise CORBA[M]. 北京: 机械工业出版社.

Snell J. 2001. Web services insider, part 1: Reflections on SOAP[EB/OL]. http://www-106. ibm. com/developerworks/webservices.

Stoimenov L, Djordjevic-Kajan S, Milosavljevic A. 2002. Realization of infrastructure for GIS interoperability[C]. YUINFO'02, Kopaonik.

Stonebraker M. 1992. The integration of rule systems and database systems[J]. IEEE Transactions on Knowledge and Data Engineering, 4(5): 415-423.

Sun C, Chen D. 2002. Consistency maintenance in real-time collaborative graphics editing systems[J]. ACM Transactions on Computer-Human Interaction (TOCHI), 9(1): 1-41.

Swift G, Allen G, George J, et al. 2005. Upset susceptibility and design mitigation of powerPC405 processors embedded in virtex-II Pro FPGAs[C]. Military and AerospaceApplications of Programmable Devices and TechnologiesConference(MAPLD). Washington DC.

Ungerer J M, Goodchild M F. 2002. Integrating spatial data analysis and GIS : a new implementation using the component object model (COM) [J]. International Journal of Geographic Information Science, 16(1): 41-53.

van der Aalst W M P. 1996. Three good reasons for using a Petri-net-based workflow management system[C]. Proceedings of the International Working Conference on Information and Process Integration in Enterprises (IPIC'96): 179-201.

van der Aalst W M P, Barros A P, Hofstede A H M T, et al. 2000. Advanced workflow patterns[C]. Proceedings of the 7th International Conference on Cooperative Information Systems. London, UK: Springer Verlag: 18-29.

van der Aalst W M P, van Hee K M. 1995. Framework for business process redesign[C]. Proceedings of the Fourth Workshop on Enabling Technologies: Infrastructure for Collaborative Enterprises (WETICE 95). Washington, DC USA: IEEE Computer Society: 36-45.

van der Aalst W M P, van Hee K M. 1996. Business process redesign: a petri-net-based approach[J].

Computers in Industry, 29(1-2): 15-26.

van der Aalst W M P, van Hee K M. 2004. 工作流管理——模型、方法和系统[M]. 王建民, 闻立杰, 等译. 北京: 清华大学出版社.

W3C. 2004. Web Services Architecture[EB/OL]. http://www. w3. org/TR/2004/NOTE-ws-arch-20040211/.

Wang A I. 1999. Experience paper: Using XML to implement a workflow tool[EB/OL]. http://citeseer. ist. psu. edu/wang99experience. html.

Wasim S, Orlowska M. 1997. On Correctness Issues In Conceptual Modeling Of Workflows[C]. Proceedings of the 5th European Conference on Information Systems Cork Publishing Ltd.

Weske M, Vossen G, Medeiros C B, et al. 1998. Workflow management in geoprocessing applications[C]. Proceedings of the 6th ACM international symposium: Advances in geographic information systems. ACM Press: 88-93.

WfMC. 1995. WFMC-TC-1003(Issue 1. 1): The Workflow Reference Model[EB/OL]. http://www. wfmc. org/standards/docs/tc003v11. pdf.

WfMC. 1999. WFMC-TC-1011(Issue 3.0): Workflow Terminology & Glossary[EB/OL]. http://www. wfmc. org/standards/docs/TC-1011_term_glossary_v3. pdf.

Widom J, Cochrane R J, Lindsay B G. 1991. Implementing set-oriented production rules as an extension to starburst[C]. Proceedings of the Seventeenth International Conference on Very Large Data Bases. San Francisco, CA USA: Morgan Kaufmann Publishers Inc: 275-286.

Wiederhold G. 1999. Mediation to deal with heterogeneous data sources[C]. Interoperating Geographic Information Systems 2nd conference. Berlin: Springer-Verlag: 1-16.

Yue P, Di L, Yang W, et al. 2009. Semantic web services - based process planning for earth science applications[J]. International Journal of Geographical Information Science, 23(9): 1139-1163.

Zhang Z, Griffith D. 2000. Integrating GIS components and spatial statistical analysis in DBMSs[J]. International Journal of Geographical Information Science, 14(6): 543-566.

Zimmer D. 1999. On the semantics of complex events in active database management systems[C]. Proceedings of the 15th International Conference on Data Engineering. Washington, DC USA: IEEE Computer Society: 392.

Zou Y, Kontogiannis K. 2001. Towards a web-centric legacy system migration framework[C]. Proceedings of the 3rd International Workshop on Net-Centric Computing (NCC): Migrating to the Web: 5.